나의 시드볼트 춘양

고향에 대한 추억과 애정을 담아

춘양

나의 시드볼트

글 사진 천헌철

봄볕을 반기는 땅
국제종자저장고가 있는 그곳
백두대간 청정산골 봉화 춘양을 그리다

들어가는 글

아침엔 우유 한 잔 점심엔 FAST FOOD, 쫓기는 사람처럼 시계 바늘 보면서 거리를 가득 메운 자동차 경적소리, 어깨를 늘어뜨린 학생들 THIS IS THE CITY LIFE. 이것은 지금쯤 은퇴하거나 은퇴를 앞둔 오륙십 대에게는 익숙한 신해철의 〈도시인〉 가사 도입부이다. 처음 이 노래를 들었을 때 마치 내 마음을 읽는 듯한 가사가 마음에 쏙 들어 나는 노래 연습을 거듭했다. 그리고 어느 날 부서 단합대회에서 이 노래를 불렀던 기억이 있다. 20대 후반의 열정을 담아 불렀던 이 노래는 동료들을 놀라게 했다. 은행원이라는 문화코드에는 전혀 어울리지 않는 노래였기 때문이었다. 가끔 그 자리에 함께했던 선배는 당시를 회상하면서 나의 모습을 보고 깜짝 놀랐다고 했다. 경상북도 봉화군 춘양이 고향인 촌놈에겐 도시에 대한 감성이 남달랐기에 그 감

성이 노래에 온전히 전달되었기 때문이리라 생각한다.

1990년대 초반에는 토요일도 오전 근무를 해야 했다. 그래서 토요일이 항상 문제였다. 남들은 주말이면 반겨 줄 사람이 있는 가정으로 돌아갈 기대감에 흥겨운데 나는 전화를 들고 동향의 친구를 찾기에 바빴다. 여러 번 희생양으로 삼은 친구들이 많아지면서 계속 연락하기도 부담스러울 정도였다. 집에 가서 텔레비전이나 보면서 시간을 죽이면 되지만 나는 야외활동에 익숙했기 때문에 될 수 있는 대로 밖으로 나갔다. 가까운 북한산부터 시작하여 치악산, 설악산, 소백산, 멀리는 제주도 한라산과 울릉도 성인봉도 다녀왔다. 다녀온 산을 기념하기 위해 등산 지도가 그려진 손수건을 가는 곳마다 기념품으로 사서 보관했다.

하지만 정작 고향과 가까운 태백산은 2015년이 되어서야 올라갔다. 더욱이 고향의 높은 산은 별로 올라간 기억이 없다. 이름 없는 낮은 산을 정처 없이 돌아다녔다. 외지의 산은 정상에 올라가서 정복의 기쁨을 누렸다면 고향의 산은 그냥 주변을 보면서 느끼고 대화를 나누었던 것 같다. 고향의 산에는 향기가 있다. 소나무의 향기도 있고 깊은 산속의 푸르른 기운의 상큼한 향기가 있다. 자연이 주는 정겨운 동무의 향기가 있다. 익숙한 자리에 그 나무가 있고 그 식물이 있고 그 꽃이 있다. 익숙한 자연이 보내 주는 고향의 시그널이리라. 때론 향기로 때론 그림으로 때론 바람으로 다가오는 시그널. 그런 시그널에 따라 느낌을 글로 옮겨 보고자 한다. 그냥 좋았던 고향의 모습을.

춘양에는 글로벌 시드볼트(Global Seed Vault)가 있다. 글로벌 시드볼트란 국제종자저장고를 말하는데 세계에서 두 번째로 조성되었다. 세계 최초의 시드볼트는 롱이어비엔(Longyearbyen)에 있다. 롱이어비엔은 노르웨이 스발바르 제도에 있는 마을로, 도시를 만든 존 먼로 롱이어(John Munro Longyear)의 이름에서 따왔다. 비엔(byen)은 노르웨이어로 도시 또는 마을이라는 뜻이다. 롱이어비엔은 스발바르의 자연과 모험을 즐기는 출발지이면서 국제종자저장고를 관리하는 마을로 유명하다. 마찬가지로 우리나라 대표적 오지인 춘양에 글로벌 시드볼트가 들어섰으니 춘양을 한국의 롱이어비엔이라 불러도 손색없을 듯하다. 그래서 처음에는 한국이라는 큰 이름을 사용하지 않고 개인적인 해석을 담아 책 제목을 '나의 롱이어비엔 춘양'이라고 정했다. '나의 오래된(longyear) 마을(byen) 춘양'이라는 의미도 담아서다. 그런데 아무래도 발음이 어려웠다. 그래서 출간을 앞둔 어느 날, 출판사의 제안으로 제목을 '나의 시드볼트 춘양'으로 변경했다. 시드볼트가 인류의 소중한 씨앗자원을 보관하듯, 내게도 가장 보물 같은 것이 춘양에 담겼다. 마음에 쏙 드는 제목이다.

나는 이 책에서 고향에 대한 에피소드와 역사를 에세이 형식으로 풀어냈다. 에세이를 쓰면서 알게 된 사실은 산골 오지의 마을이 외부 세계의 영향을 많이 받고 있었다는 점이다. 금광과 일본, 태백오현과 병자호란, 도심리와 임진왜란, 시드볼트와 노르웨이, 35번 국도와 미슐랭이 대표적이다. 지리에 대해 잘 알지 못하면서도 자연지리와 인문지리가 설명되는 결과가 되었다. 마침 지리학 전문 출판사인 ㈜푸른길에서 이 책을 발간해 주기로 한 것은 나에게는 큰 영광이다. 김선기 대표에게 감사의 말씀을 전한다. 아울러 이 책을 쓰는 데 도움을 준 분들, 추억을 함께 만들었던 고향의 친구, 지인들에게도 고마운 마음을 나누고 싶다. 특히 춘양의 사적지를 함께 다니면서 경험을 나누어 준 권원기 친구, 6·25전쟁 당시 북한군의 활동이나 춘양의 역사를 알려 준 권혁철 선배, 일제강점기 이후 금정의 역사를 알려 준 김봉진 옹, 춘양의 오래된 사진을 제공해 준 박규환 봉화지역사연구소 소장님, 호랑이와 연꽃 전시 포스터를 비롯한 전시작품 사진을 사용하도록 해 주신 안창수 화백님, 서동리 동탑에서 출토된 토탑 복제본을 제공해 준 국립경주박물관 조영미님, 봉화군 문화관광체육과, 청량산박물관, 사단법인 경북북부연구원, 국립백두대간수목권, 태백산 등산길이나 외씨버선길을 오가면서 운전을 맡아 주고 물고기 사진을 위해 운곡천에서 물고기를 잡아 주기까지 한 종훈 동생, 울진삼척무장공비 출현 당시의 생생한 경험을 이야기해 주신 어머니에게 고마운 마음을 전한다. 일일이 모두 언급할 수 없지만 직간접 추억을 만들거나 도움을 준 조종호, 이기성, 김영일, 오명국, 천광수, 김인수, 배

봉겸, 강경화, 원기철, 김윤섭, 배동호, 정화섭 등 선배와 친구에게 감사의 마음을 전한다.

마지막으로 추억이 없는 삶은 나무가 없는 산과 같다. 이 책이 독자 여러분들에게 한 그루의 나무가 되길 소망한다.

2021년 가을

천헌철

차 례

들어가는 글 _4

1부 추억의 향기

1. 도시 탈출 _14
2. 춘양 _19
3. 춘양역 _34
4. 시장 _47
5. 송이버섯 _56

2부 흐르는 강물처럼

6. 운곡천 _70
7. 계곡 _83
8. 낙동강 낚시 여행 _100

3부 한국의 롱이어비엔

9. 국립백두대간수목원 인연 _114
10. 수목원 _124
11. 시드볼트 _136
12. 한국의 롱이어비엔 _144

4부 길

13. 춘양목솔향기길 _158
14. 미슐랭이 인정한 도로 _192
15. 태백산 천제단 가는 길 _222

참고문헌 _251

1부
추억의 향기

1. 도시 탈출

부서 단합대회에서 〈도시인〉을 부른 지 어언 20여 년이 흐른 2020년 1월, 나는 시니어 컨설턴트라는 보직을 맡게 되었다. 만 56세가 되는 직원은 정년퇴직에 앞서 후배들을 위해 보직을 내려놓고 임금피크제에 따라 남은 기간 동안 사실상 봉사와 재취업 준비를 한다. 따라서 시니어 컨설턴트에게는 나름 자유로운 활동이 부여되므로 정년까지 남은 4년은 매우 소중한 시간이다. 친하게 지내던 대학교수 한 분은 공공기관에서 습득한 지식과 경험은 사유물이 아니라 공공재라고 말했다. 그러므로 사회를 위해 그 지식과 경험을 나눠 주어야 한다고. 내 지식이 대중에게도 필요할지에 대해 의문은 있었지만 예전부터 기록은 축적의 시작이라고 생각하고 있었기에 나는 글 쓰는 작업을 시작했다.

그렇게 글쓰기 작업을 착수한 2020년, 그해 1월 20일 세상을 바꿔 놓을 사건이 터졌다. 바로 코로나19 확진자가 처음 나온 것이다. 중국 후베이(湖北)성 우한(武漢)에서 인천국제공항을 통해 입국한 30대 중국인 여성이 처음으로 확진 판정을 받았다. 우리나라만이 아니라 세계 곳곳에서 이 감염병으로 많은 사람이 고통을 겪고 있고 유명을 달리했다. 우리나라는 철저한 방역을 통해 전 세계에서 보기 드문 방역 모범국이 되었다. 글을 쓰고 있는 현재 최초 확진자가 나온 지 1년을 넘어서고 있다. 지난 1년 동안 누적 확진자 7만 3518명, 사망자 1300명이 발생했다. 방역 모범국이 된 배경에는 정부가 처음부터 '사회적 거리 두기'를 엄격히 시행한 영향이 크다.

우리는 만남을 처음에는 연기했다. 하지만 상황이 개선되지 않으면서 연기는 취소로 바뀌었고 사교모임은 점점 줄어들고 대화도 끊어졌다. 오프라인 세상, 즉 만나서 대화하던 세상에서 온라인 비대면 세상이 급속히 진행되었다. 만남은 감염 위험을 높이기 때문에 비대면으로 컴퓨터를 붙들고 일하는 세상이 되었다. 직장에 출근할 필요가 없이 집에서 컴퓨터로 줌(Zoom)이나 시스코 웹엑스(Cisco Webex)를 접속하여 회의하고 온라인으로 자료를 제출했다.

2021년 1월 기준으로 근로자의 50퍼센트 이상이 재택근무를 하고 있다. 디지털(digital), 네트워크(network), 인공지능(artificial intelligence)으로 대변되는 소위 DNA의 세상이 급속히 앞당겨졌다. 이제는 가상공간 세계, 초현실적인 세계인 '메타버스(metaverse)'가 주목받고 있다. 메타버스는 초월을 의미하는 메타(meta)와 현실 세계를 의미하는 유니버스(universe)가 합성된 단어이다. 메타버스는 앞으로 점점 더 일상생활의 축이 가상현실로 옮겨 간다는 것이다. 회사를 중심으로 한 고용과 피고용 같은 전통적 노동관념에 변화가 발생하는데, 생산수단도 가상공간에 걸맞은 노트북과 휴대폰이 될 것이라는 전망이다. 한마디로 더욱더 자연과는 멀어지고 가상현실과 씨름해야 한다는 뜻이다.

잠시 숨을 멈추고 생각해 본다. 숫자를 세어 본다. 하나 둘 셋 넷 다섯……. 머리를 쉬게 하는 고향의 모습이 그립다. 컴퓨터가 해소할 수 없는 정서를 풍요롭게 하자. 하늘도 여유롭게 쳐다보자. 예전 시골에는 화장실이 실내에 있지 않았다. 요즘은 실내에 있지만 예전에는 가급적 생활하는 공간과 멀리 떨어진 야외에 있었다. 주로 큰 일이나 작은 일을 보는 곳이기 때문에 화장실이라고 하지 않고 변소라고 불렀다. 바쁘더라도 마당을 지나가면서 하늘을 쳐다보았다. 한겨울 새벽잠에서 깨어 변소를 가야 할 때는 정말 싫었다. 춘양은 전국에서 가장 추운 동네인 데다가 불빛이 없고 깜깜하여 나가기가 싫었다. 그렇지만 싸늘한 새벽 공기를 마시며 뒷마당 야외변소를 나올 때 쳐다보았던 칠흑 같은 하늘, 거기서 쏟아지는 은하수는 아직도 잊지 못한다. 휴대폰은 물론 없었고 자동차도 잘 다니지 않던 전국에서 가장

은하수

구석진 오지에는 아무런 인공의 소리도 없었다. 추위에 몸을 으스스 떨면서도 하늘의 별을 보면서 감탄했던 어린 시절의 봉화군 춘양의 모습은 이제 없다. 너무 많이 바뀌었기 때문이다. 하지만 아직도 춘양은 전국에서 내로라하는 무공해 청정오지에 속한다.

2. 춘양

영국에서 4세부터 7세의 아이들을 대상으로 길찾기 실험을 한 방송이 있었다. 영국 ITV에서 만든 〈플래닛 차일드(Planet Child)〉라는 프로그램이었다. 어린아이들이 넓고 복잡한 런던에서 부모나 주변 사람의 도움을 받지 않고, 스스로 대중교통수단을 이용하여 길을 찾을 수 있는 능력이 있는가를 테스트하는 내용이었다. 참가자는 모두 시골 출신의 쌍둥이로서 두 명씩 두 팀으로 이루어졌다. 런던 지도 한 조각만을 주고 목표 지점인 런던아이(London Eye)를 찾아오도록 하는 것이었다. 런던아이는 런던의 대표적인 상징물로서 멀리서도 확인이 가능한 둥근 휠 모양이다. 두 팀 모두 주변의 도움을 받지 않고 런던아이를 무사히 찾아왔다. 그런데 그중 한 팀인 주다(Judah)와 다르시(Darcee)가 런던아이로 향하는 이층버스에서 나눈 대화를 듣고 나는 갑자기 크게 소리를 내며 웃고 말았다.

"런던은 정~말 커."

"그래, 런던은 잉글랜드보다 더~ 커."

"정말 그래. 잉글랜드보다 런던이 훨~씬 큰 거야."

정확한 대화 내용은 아니지만 이런 식으로 런던이 크다는 것을 강조하면서 잉글랜드보다 크다고 이야기했다. 영국은 잉글랜드, 웨일스, 스코틀랜드, 북아일랜드로 구성되어 있다. 잉글랜드의 수도일 뿐만 아니라 영국의 수도인 런던은 당연히 잉글랜드보다 작다. 천진난만한 대화를 보면서 춘양이 생각났다. 옛날부터 이어져 온 전설과도 같은 시골 아버지와 아들의 대화를.

옛날 보부상들이 다녔다는 보부상길에서 춘양 시내가 한눈에 내려다보이는 곳이 모래재이다. 춘양은 울진에서 태백산맥의 서쪽으로 계속 전진하다가 보면 나오는 첫 번째 큰 마을인데, 오지에 살던 농부나 산사람에게는 보기 힘든 넓은 평지와 많은 집이 있고 큰 시장이 서는 곳이다. 춘양의 오일장에 가기 위해 소천의 구마동이라는 곳에 살던 부자가 모래재에 올라서자 아

런던아이

들이 춘양을 보며 눈을 휘둥그레 뜨고 놀라 물었다.

"아부지, 저게 전부 조선이니껴?"

"이눔아! 어찌 조선이 저것밖에 안 되겐노. 조선은 저거의 열 배도 넘는다!"

도시의 사람들이 들으면 이 대화는 어처구니없어 보일 것이다. 하지만 내가 초등학교에 다니던 1970년대에 선생님들이 들려준 이야기다.

춘양면은 경상북도에서도 가장 북쪽에 있는 면이다. 봉화군의 북동부에 위치하며 북쪽에서 강원도 영월군과 맞닿아 있다. 이곳에서 남동 방향으로 나란히 길게 뻗은 두 개의 산줄기 사이에 있어 모양새도 길쭉하다. 백두대간이 지나는 도래기재를 경계로 북쪽은 남한강 수계이며 남쪽은 낙동강 지류인 운곡천이 흐른다. 운곡천을 경계로 동쪽은 태백산계이며 서쪽은 소백산계여서 양백 지역 또는 이백 지역이라고 불린다. 태백산계에 해당하는 동쪽 산줄기에는 삼동산, 구룡산, 각화산, 왕두산, 소백산계에 해당하는 서쪽 산줄기에는 옥석산, 문수산 등 1000미터 이상의 산들이 연이어 있어 병풍 두 개를 마주 놓은 듯하다. 이러한 고산 협곡이라는 지형적 특색으로 기온이 낮아 한국의 시

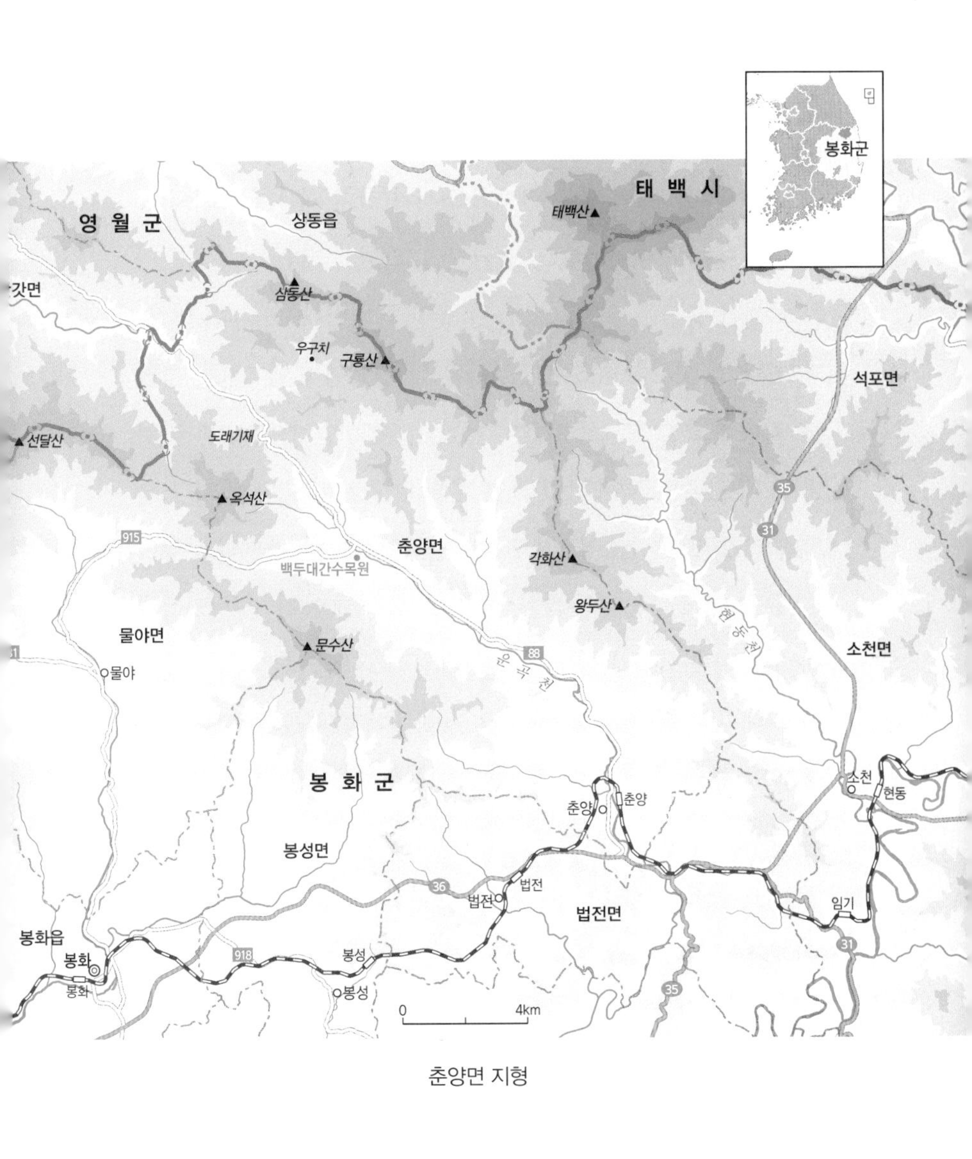
봉화군
태 백 시
영 월 군
상동읍
태백산
갓면
삼동산
우구치
구룡산
석포면
선달산
도래기재
옥석산
915
춘양면
35
31
각화산
백두대간수목원
왕두산
물야면
현동천
문수산
88
운곡천
소천면
물야
봉 화 군
소천
현동
춘양
춘양
봉성면
법전
36
법전
법전면
임기
봉화읍
봉화
918
봉성
31
봉화
봉성
35
0
4km

춘양면 지형

베리아라고도 불리며 봄이 짧다. 그래서 봄을 그리워하여 춘양(春陽)이라고 불린다. 남쪽에 있는 중심지 춘양(면 소재지)에는 첩첩산중에서도 제법 넓은 면적의 평지가 있기 때문에 오지의 아버지와 아들이 이곳을 보고 놀랄 만도 하였으리라.

하지만 춘양은 실제로도 놀랄 만한 동네였다. 2020년 말 춘양면의 인구는 4433명에 불과하지만, 1950년대 말 인구는 1만 3000명에 달할 정도로 활력이 넘쳤다. 1959년 기준 우리나라의 인구가 2398만 명이고 2021년 현재 인구는 5182만 명이니 각 연도의 인구 비중(총인구 대비 춘양 인구)으로 보면 과거의 춘양이 현재보다 여섯 배 이상 많다. 좁은 마을에 100개가 넘는 술집들이 밤이면 불야성을 이루고 육자배기 소리가 끊이질 않았다.

16세기 초 봉화군의 인구수는 1160명에 불과했다. 17세기 말 춘양의 땅은 벼·조·보리를 재배하기에 알맞으며, 물에는 피라미가 살고, 뽕과 삼이 우거져 있으며, 닭이 울고 개 짖는 소리가 서로 들려 골짜기에 들어오는 사람은 여기를 무릉도원이라고 여겼다(『국역 춘양지』). 워낙 오지이기 때문에 전쟁, 흉년, 전염병 등 삼재가 없는 천하명당 조선 십승지의 하나로 알려져 『조선왕조실록』을 보관하기도 했었다. 그런데 20세기 중반 이 외진

곳에 무슨 이유로 사람들이 모여들었던 것일까?

춘양은 조선 시대에는 춘양현으로 안동부사의 관할이었다. 춘양현은 지금의 강원도 영월군 상동읍 덕구리도 포함한 지역이었는데, 덕구리는 1962년 행정구역 개편으로 강원도에 편입되었다. 태백산을 경계로 하여 사실상 남쪽 지역이 춘양현이었다. 춘양현에는 소나무가 풍부했다. 오늘날 금강송, 춘양목이라 불리는 당시 황장목(黃腸木)은 궁중에서 쓰이는 소나무 목재로서 안동부에서 특별히 군관 등을 보내어 소나무 군락지를 황장금산(黃腸禁山)으로 지정하여 일반인의 출입을 막았다. 일반인의 벌목을 금지한 것이다. 이 목재는 1930년대까지도 1000미터가 넘는 산에 빽빽이 들어차 있었다. 그런데 일본이 1910년 우리나라를 강제 합병한 이후 중일전쟁(1937)과 태평양전쟁(1941~1945)을 거치면서 나무를 베어 가기 시작했다. 특히 1941년부터 나무를 숱하게 실어 내갔다. 1930년대부터 이미 춘양은 금강송을 적재하고 실어 내는 중심지였는데, 태평양전쟁이 일어난 후에는 무차별적으로 나무가 벌목되는 바람에 엄청난 규모의 나무가 춘양에 쌓이고 거래되었다. 이에 따라 자연스럽게 전국의 목재상이 모여들고 제재소가 만들어졌다. 목재의 중심

소나무 군락지

춘양목

지가 되었던 것이다.

두 번째로 유명한 것은 금광이다. 춘양에는 금정광산(金井鑛山)이 있었다. 1932년 어떤 신문에는 춘양을 '목재와 황금'의 마을로 언급하기도 했다. 금은 당시 국제적으로 인정된 화폐였는데 모든 종류의 종이 화폐는 금을 담보로 발행할 수 있었다. 전문적인 용어로 '금본위제'라고 한다. 즉 금이 바로 화폐였던 것이다. 일본의 지배를 받고 있었던 우리나라는 일본의 화폐제도에 영향을 받았다. 일본은 1871년 금본위제를 도입했지만 충분한 금 보유량을 확보하지 못하여 금본위제가 제대로 이행되지 못했다. 그러다가 1894년 청일전쟁에서 승리하여 청으로부터 전쟁배상금으로 3억 6500만 엔어치의 금화를 받음으로써 1897년이 되어서야 완전한 금본위제를 시행할 수 있었다. 1900년대 초 미국과 유럽 등의 나라에서도 우리나라 금광을 채굴하기 위해 금광 채굴권을 갖고 전국에 걸쳐 돌아다녔다. 독일 마이어주식회사는 북한에 소재한 강원도 금성군 당현에 소재한 금광을 채굴했다. 미국 기업들은 평안북도 운산에서 금을 채굴했는데 연간 약 1700킬로그램(약 108만 달러로서 2019년 가치 기준 약 3460만 달러)에 달했다. 이를 1901년 당시 시장에서 거래되었던 미달러 대비 원화 환율(2500원: 지그프리트 겐테의 『독일인 겐테가 본 신선한 나라 조선, 1901』 110쪽)로 적용하면 자그마치 27억 원이 된다(학자들이 통상적으로 사용하는 환율 4원을 적용하면 432만 원). 1904년 대한제국의 재정수입(탁지부의 정부재정과 내장원의 왕실재정의 합계)이 1446만 원인 점을 감안하면 이 금액은 대단히 큰 규모이다. 서양 제국주의 국가들이 한반도에서 금광석을 채굴하려고 한 데에는 금본위제에 따른 금이 필요했기 때문이다. 일본은 제1차 세계대전이 끝난 후 1921년 연합국 채권국으로서 독일에 전쟁배상금을 요구했는데, 금화가 부족한 독일은 초인플레이션과 경기 침체로 고통을 받고 있었다. 심지어 배상금 지급이 늦어져 루르 지방을 프랑스와 벨기에군에게 점령당했다. 국가의 주권이 없었던 시기였다. 처음부터 협상의 과정을 지켜보았던 일본은 금의 중요성을 누구보다 잘 알았을 것이다. 당시 조선총독부는 선원주의(先願主義)라고 하여 산주와 관계없이 캐낸 금을 근거로 광업권을 먼저 출원한 사람에게 허가를 내주는 산금정책(産金政策)을 시행했다. 일확천금을 노리는 사람들이 금광을 찾아 돌아다니게 되는데 금정광산은 김태원이라는 사람이 2년 이상의 갱목과 싸우면서 개발한 광산이었다. 금정광산은 1923년

폐광동굴 가는 길 / 폐광동굴 입구

부터 1993년까지 채굴되었다가 1997년 폐광되었다. 금정광산은 봉화군 춘양면 우구치리(금정리)에 있는 금 광산인데 자연금이 나왔던 곳으로는 국내에서 유일한 곳이었으며, 우리나라에서 첫 번째 가는 금 산지였다. 이 광산은 매장량과 금의 질이 세계적으로 우수했는데 1932년에 233킬로그램의 금을 생산했다고 한다. 이는 1901년 미국 기업들이 채굴한 연간 채굴량(1700킬로그램)보다는 적으나 일제강점기 전의 대한제국 재정수입을 생각해 보면 금 생산량이 매우 큰 규모임을 알 수 있다. 이 광산은 1932년에 일본인에게 매각되었다. '금정'이라는 이름은 일본인들이 금광을 개발하면서 붙인 이름이다.

태평양전쟁 전후로 금정광산 일대는 일본이 대대적으로 개발하였고 해방 후에는 대명광업소와 함태광업소가 주축이 되어 개발하였다. 금정에서 국민학교를 나온 김봉진(82세) 할아버지에 의하면, 금정골(상금정, 하금정)에는 여관, 식당, 국민학교 등 없는 게 없었다. 한 집 건너 술집이 즐비하였고 좁은 금정골에 3000명이 살았을 만큼 말 그대로 최고 전성기를 누렸다. 없었던 것이라면 나무라고 한다. 지금 산에는 소나무가 울창하지만 60년 전까지는 온통 민둥산뿐이었다. 해방 후 일본이 지은 건물

금정광산 입구 마을 / 공산당 청년사무실로 활용된 일제강점기의 건물

이 유지되었는데 6·25전쟁 때에는 북한의 지배를 받으면서 인민군이 여관을 숙소로 사용했고 공산당 청년사무실로 활용한 건물도 있었다. 공산당 청년사무실이었던 건물은 아직도 일본 건축양식 그대로의 모습을 유지하고 있다. 인근 문수산에는 북한군 1개 여단이 상주했다. 인민군 점령 당시 그들은 말을 타고 돌아다니면서 스스로 숙소와 식사를 해결했지만, 그들이 전쟁에 패하여 후퇴할 때에는 주민들은 약탈로 시달렸다고 한다. 국군 백골부대가 빨갱이 소탕 작전을 벌이면서 선량한 사람들도 곤욕을 치렀다. 낮에는 태극기, 밤에는 인공기를 걸어 놓고 생존에 목메야 했다. 자본가와 사대부 출신 사람은 인민군에 곤욕을 치렀고 공산당으로 전향한 서민과 무산자는 국군에 희생된 골짜기였다. 최고의 금 산지 명성으로 남북의 격전지가 되면서 주민들은 뜻하지 않은 희생을 당했다.

6·25전쟁을 겪으면서 춘양은 금 광산보다 금강송의 집산지로서 더 많이 알려지게 되었다. 특히 춘양에 철도가 깔리고 역이 들어서면서 춘양역을 중심으로 이야기가 만들어지고 알려지기 시작했다.

3. 춘양역

춘양에 관한 이야기는 대부분 춘양역에서 시작한다. '억지춘양'이라는 용어도 춘양역의 건설과 관련되어 있듯이 춘양을 방문하는 여행가들이 인터넷을 통해 처음 접하는 화두는 '억지'로 시작한다. 춘양의 전통시장 이름도 '억지춘양시장'이다. 전국적으로 널리 알려진 '억지춘양' 또는 '억지춘향'이라는 친숙한 말에서 오는 홍보 효과를 고려하여 지은 이름이었으리라.

춘양역은 1955년 6월 30일 준공되었다. 춘양역은 1955년 7월 1일 개통한 영동선(당시 영암선: 영주와 철암 구간의 철도)에 위치한 역 중의 하나이다. 춘양역은 매우 중요한 위치를 차지했다. 왜냐하면 춘양은 금강송이라 불리는 소나무의 집산지였고 금,

텅스텐 등 광물자원이 채굴되는 지역이거나 그와 이웃한 지역이기 때문이었다. 실제 철도 부설 후 1970년대까지도 춘양역은 물자수송의 중심지였다. 처음에는 태평양전쟁으로 인해 전쟁 물자의 조달이 다급했던 일본이 임산물과 광산물의 수송을 위해 영주와 춘양을 연결하는 영춘선 부설로 시작했다. 그러나 해방과 함께 철도 부설은 중단되었다. 그러다가 다시 우리 정부는 영주와 춘양 간의 철도를 확대하여 영주와 철암 간의 철도 건설에 착수했다. 이 또한 6·25전쟁으로 중단되었다가 휴전과 함께 재개되어 최종적으로는 1955년에 완공되었던 것이다.

그런데 왜 '억지'라는 말이 춘양 앞에 붙게 되었을까? 영암선의 철도를 건설하면서 영암선은 춘양을 건너뛰고 바로 전 역인 법전과 바로 다음 역인 녹동을 연결하려고 했다. 이에 당시 춘양면 출신의 자유당 정문흠 의원이 철도가 춘양면 소재지를 거쳐 가도록 영향력을 행사하여 현재와 같이 변경되었다고 한다. 그래서 철도는 직선이 아닌 춘양역으로 휘어져 들어가는 오목한 형태(Ω)로 남게 되었다. 이렇게 하여 '하면 안 될 일을 억지로 한다'라는 의미로 '억지춘양'이 사용되고 있다. 하지만 최초 철도 건설의 시도는 춘양에서 시작되었고 춘양의 인구가 많았

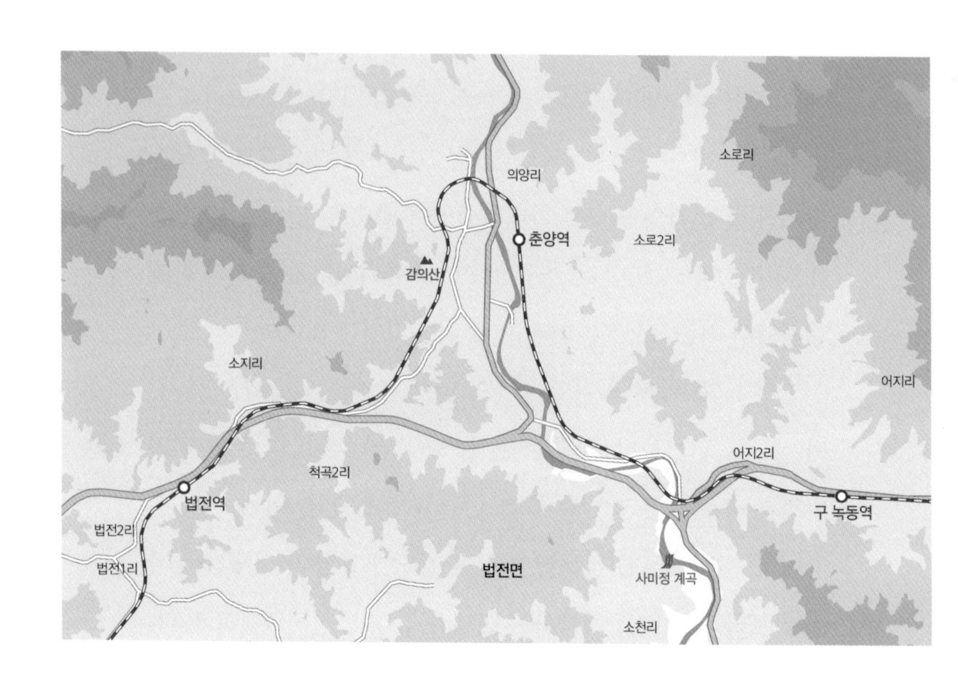

춘양역으로 휘어진 철도 노선

기 때문에 춘양을 건너뛴 철도 노선은 기획자의 실수라고 생각한다.

춘양으로 휘어져 들어오는 철도 부설공사와 철도역의 건설은 결과적으로 좋은 경험과 발견이 되었다. 영암선은 우리나라의 순수 기술로 건설된 최초의 철도였다. 춘양으로 들어가기 위해서는 산을 관통하는 긴 철도 터널을 뚫어야 했고, 깊은 계곡이 있는 산을 직선으로 연결하는 철 교각을 만들어야 했다. 현재 기술로는 이를 건설하고 만드는 데 아무런 문제가 없지만 당시 춘양으로 들어가는 철도 터널 공사는 큰 역사였다. 이를 반영하듯 춘양 연결 터널 공사를 하면서 여러 명의 인부가 소중한 생명을 잃었다고 한다. 아울러 디젤기관차의 하중을 견뎌 내기 위해 춘양곡 철교는 철로 된 구조물로 만들어졌다. 춘양 철교는 '한국을 일으킨 엔지니어 60인'에 선정된 전긍렬 유신코퍼레이션 회장이 설계했다. 현재까지도 문제가 없을 정도로 높은 수준의 기술이 자랑스럽게 느껴진다. 이러한 설계 덕분에 기차를 타고 춘양을 방문하는 여행객이나 귀향객들은 기차가 터널을 빠져나오면서부터 마을을 크게 한 바퀴 감아 도는 철길 덕에 아늑하고 고요한 춘양 시내의 모습을 한눈으로 감상해 볼 수 있다.

춘양 철교

관석재에서 바라본 춘양 전경

춘양역이 들어선 자리는 과거 어떤 터였는지 잘 알려져 있지 않다. 춘양역을 공사할 때 그 터에서 불상(佛像)이 나왔지만 그렇다고 그곳에 절이 있었다고 단정할 수는 없다. 하지만 그곳에 매몰되어 있던 석조여래입상이 통일신라 말 고려 초인 10세기경에 만들어진 불상이었기 때문에 신라 절터였을 가능성이 높다. 높이 2.32미터의 이 입상은 거의 완전한 석불입상이다. 얼굴은 듬직하며, 코는 망실되어 새로 만들었기 때문에 전체 인상이 일그러지게 보인다. 체구는 원만한 인상을 주며, 전체적으로 부드러운 형태미를 띠고 있다. 통견의 법의(法衣)는 돋을새김으로 표현하고 있다. 가슴 중간쯤에서부터 흘러내린 옷 주름선이 도드라지게 돌아 두 다리로 각각 내려가서 발목에서 마무리되고 있어 그 시대에도 뛰어났던 작품으로 평가받고 있다. 춘양역이 건설되지 않았다면 이 소중한 문화유산을 발견하지 못했을 것이다. 이 불상은 발굴된 후 철도 건너편의 의양리(내운곡)에 소재한 산 끝자락 양지바른 곳에 보존되어 있다. 어린 시절 나는 이 불상에서 약 30미터가량 떨어진 집에서 살았다. 당시에는 너무 어려서 이 불상이 무엇인지도 모르고 그 옆과 뒷산을 오르내리며 지냈던 기억이 있다.

춘양역 터에서 발견된 의양리 석조여래입상

어린 시절 기억에 남는 화면은 나무와 산과 냇가이다. 나무는 산에 자라고 있는 나무가 아니라 춘양역에 하적된 산더미같이 쌓인 소나무 목재이고, 산은 우리 동네 뒷산, 냇가는 운곡천이다. 어렸을 때 특별한 놀이가 없었던 탓에 주로 뒷산에서 뛰어놀았다. 소나무를 실어 나르던 제무시(GMC) 트럭이나 화물열차가 춘양역에 도착하면 플랫폼 건너편 넓은 공터에는 영락없이 소나무가 산처럼 쌓였다. 춘양목이었다. 춘양목은 금강송이라고 불리는 소나무로서 궁궐이나 사찰의 목재로 사용되었고 소중한 목공자재나 심지어 배를 모으는 데에도 사용되었다. 한강 밤섬에 배를 모으는 작업장이 있었는데 목수들 사이에서 배를 모으는 목재로서 가장 좋은 목재를 춘양목이라고 여겼다. 이렇게 소중한 춘양목은 수요가 많아서 다시 화물열차에 환적되어 어디론가 떠났다. 소나무가 화차에 실리기 전 몇 시간 동안 동네 사람들은 소나무 껍질(여기서는 '구피'라고 했다. 아마 오래된 껍질을 뜻하는 '舊皮'를 의미한 것으로 보인다)을 벗기기 위해 모여들었다. 구피를 벗기기에 안성맞춤인 끌을 가지고 와서 소나무 수피의 매끈한 면을 따라 끌의 날을 30도 각도로 눕혀 앞쪽으로 눌러서 밀면 수피 아래쪽에 머금은 수액으로 쉽게 끊기지 않고 구피를 벗겨 낼 수 있다. 이렇게 벗겨 낸 나무껍질은 불쏘시개로 사용되었다. 당시 시골에는 현대와 같은 석유나 가스보일러를 사용하지 않았고 아궁이에 장작으로 불을 때 난방을 했으므로 불쏘시개로는 구피가 최적이었다. 아울러 소나무는 껍질을 벗겨서 관리해야 쉬이 썩지 않는다고 해서 구피를 벗기는 것이 소나무 상인에게도 도움이 된다고 했다. 벗겨지거나 덜 벗겨지거나 관계없이 시간이 되면 소나무는 화차에 실렸다. 여덟 명이나 네 명이 한 조가 되어 나무를 실어 나르는 목도꾼은 장단에 맞춰 나무를 실었다. 갈고리로 나무를 앞쪽부터 들어 나르던 목도꾼의 모습이 눈에 선하다.

이제 춘양역에는 예전의 모습은 없다. 사람도 줄어들었고 건물도 재건축되었다. 예술적 가치 측면에서 아름다웠던 구 역사는 허물어지고 1998년 콘크리트 벽돌 구조의 새 역사로 바뀌었다. 구 역사는 파고다 형태의 육각형 외관에 기와지붕을 얹은 대합실 건물과, 역무원 근무 공간과 개찰구가 있는 일자형 외관에 기와로 덮인 건물이 연결된 구조로 되어 있었다. 파고다 형태의 대합실 내부는 육각형 벽면을 따라 앉을 수 있는 약 50센티미터 폭의 붙박이 나무의자가 빙 둘러 있었고 입구 쪽에는 홍

구 춘양역 / 신 춘양역

익회 매점이 벽을 타고 높게 설치되어 있었다. 춘양 시내 가게가 문을 닫았어도 홍익회 매점은 문이 열려 있는 경우가 많았다. 자정에 서울 청량리역으로 출발하는 기차를 보내고야 문을 닫았기 때문에 늦은 시간에도 먹을거리를 사려는 사람들이 종종 이곳으로 달려가기도 했던 곳이다. 대합실 층고는 높았기 때문에 여름에는 시원했지만 겨울에는 추웠다. 그래서 겨울에는 한가운데에 난로를 설치하여 추위를 달래곤 했다. 이러한 추억이 담겨 있던 구 춘양역사를 허물어 버린 것은 무척 아쉽다. 하지만 아직도 춘양역을 따라 시장으로 가는 길목에는 예전의 모습이 일부 남아 있다. 기차역에서 나와 시장으로 가는 길을 걷다 보면 오른쪽 길가의 집들은 시간이 멈춰 버린 듯 예전 모습 그대로이다. 운곡 삼거리까지 이르는 야트막하고 오래된 기와집들에는 70~90대의 토박이 할머니, 할아버지들이 여전히 살고 있다. 이제는 자연 송이버섯, 능이버섯, 토종벌꿀을 팔거나 재배한 약초, 사과를 팔고 있다. 자연과 공존하면서 얻은 농산물을 여전히 옛 모습 그대로.

춘양역에는 새로운 열차가 생겼다. 백두대간협곡열차 V-트레인과 같은 관광열차가 들어오고 있다. 국내 최초의 개방형 관

나지막한 길가의 집들

광열차인 V-트레인은 개방형 창문으로 이루어져 있어 창밖의 풍경을 자연 그대로 느낄 수 있게 설계되었다. 춘양역에도 새로운 사람들이 보이기 시작할 것으로 기대한다. 오지체험을 위해 오는 사람일 수도 있고, 백두대간수목원에 관광하러 오는 사람일 수도 있고, 시드볼트(Seed Vault)에 종자를 기부하기 위해 오는 외국인일 수도 있고, 운곡천과 외씨버선길을 트레킹하려는 사람일 수도 있고, 백두대간을 등반하려는 사람일 수도 있을 것이다. 무한한 자연친화적인 봉화와 춘양의 매력으로 사람들이 행복해지기를 기대해 본다.

4. 시장

2008년 한여름, 나는 볼쇼이 서커스를 관람하기 위해 모스크바에 있었다. 모스크바에는 서커스 공연장이 두 개가 있는데 오래된 구관람장과 새로이 지은 신관람장으로 쉽게 구분한다. 구관람장은 니쿨린 서커스(Nikulin Circus), 신관람장은 볼쇼이 서커스(Bolshoi Circus)라고 불리는데 모두 국영으로 운영된다. 모스크바에 근무하는 후배의 권유로 나와 가족은 볼쇼이 서커스를 관람할 기회를 얻었다.

볼쇼이 서커스 건물의 내외부는 모두 원형이고 내부 중앙에 둥근 모양의 공연장이 있다. 최대 관객 3400명을 수용할 수 있는 원형 극장의 높이는 36미터나 되어 모두 앉은 자리에서 아래

볼쇼이 서커스 공연장

쪽을 내려다보면서 관람하는 방식이었다. 좌석에 사람들이 꽉 차지는 않았다. 서커스는 언제든지 볼 수 있기 때문이기도 하고 일반 모스크바 시민은 구관람장인 니쿨린 서커스를 많이 이용한다고 한다. 광대, 동물쇼, 공중 곡예를 비롯하여 서커스를 아주 재미있게 구경했다. 특히 원형 공연장은 매우 특이했다. 대표적인 공연으로 낙타쇼를 할 때는 바닥이 모래로 바뀌었고, 바다표범쇼를 할 때는 바닥이 빙판으로 전환되었다. 앵무새쇼를 할 때는 쇼 공간이 섬으로 변하였고 주변은 물로 채워졌다. 거의 순식간에 무대 전환이 이루어져서 깜짝 놀랐다. 나중에 알고 보니 공연장을 신속히 교체할 수 있게 하려고 18미터 지하에 별도 준비 공간이 마련되어 있다고 한다. 국영으로 운영되기 때문에 가격도 5달러 정도로 저렴하고 언제든지 입장이 가능하다. 이런 시설 덕분에 서커스는 모스크바 시민들 사이에서 매우 인기가 높다고 한다. 부러웠다. 우리나라에는 무엇이 있나? 곰곰이 생각해 보았다. 동춘서커스 정도. 그리고 추억이 소환되었다. 중국 곡예단이 긴 장대를 들고 공중 줄타기를 하는 장면에서 어린 시절에 보았던 서커스 천막이 떠올랐다.

춘양시장에서 나는 서커스를 보았다. 너무 오래되어 정확한 기억은 없지만 최소한 두 번은 보았던 것 같다. 그것도 돈을 내고 본 기억은 없다. 몰래 공연장에 기어들어 갔기 때문인데 주최 측에서 우리를 보고도 못 본 체했을 것 같기도 하다. 초등학교 저학년 시절 춘양에 오일장이 서면 시장은 정말 많은 사람으로 붐볐다. 서커스 공연이 있었던 그때도 모두 춘양 장날이었다. 현재의 춘양시장 아래 싸전에서 멀리 떨어지지 않은 공터에 커다란 천막이 올라갔고 서커스가 공연될 것이라는 소문이 시장과 동네에 퍼지면 친구들 사이에서도 구경하러 가자고 연락이 왔다. 돈이 없었던 그 시절에는 공연이 시작된 이후에 천막을 들추고 몰래 들어갔는데 앞자리는 꽉 차 있어서 뒤에서 보았다. 자리라고는 볏짚으로 엮은 쌀가마니를 깔아 놓은 자리이거나 맨땅이었는데 그 불편함보다는 광대의 모습에 웃고 아슬아슬하게 줄타기하는 곡예사를 보면서 감탄하고 탄성을 지르고 박수쳤던 기억이 있다. 그런데 어느 순간부터 서커스단이 오일장이 되어도 오지 않았다. 처음에는 서커스단이 왜 오지 않는지 궁금했지만 곧 영영 내 기억에서 잊혀졌다.

춘양에 오일장이 서면 동네는 말 그대로 인산인해였다. 울진이나 삼척, 묵호에서 해산물을 지고 넘어오던 보부상 시대를 뒤로하고 철도 시대를 맞아 동해안 장사꾼들은 기차를 타고 해산물을 팔러 춘양에 모여들었다. 산에서 송이 채취를 하는 사람들이나 약초 재배 농부는 기차나 버스를 타고 장에 몰려들었다. 가까운 산촌에서는 몇십 리 길을 걸어서 장 보러 왔다. 팔 수 있는 물건이 있거나 없더라도 장을 보려고 오일장만 되면 사람들이 몰려들었다. 춘양역에 기차가 도착하면 사람들이 역에서 나오기 시작하지만 그 인파는 기차가 역을 떠나고 나서도 한참 동안 지속되었을 정도로 도로를 따라 줄이 길게 늘어서곤 했다. 농산물이나 수산물을 팔러 오는 사람들 못지않게 공산품을 팔려는 사람들도 모여들었다. 하지만 그중에서도 가장 유명한 것은 역시 싸전과 우시장이다. 동해안 사람들이 쌀을 사기 위해 이곳을 이용할 정도로 싸전에는 거래가 활발했고 하루 200~300마리가 거래되는 우시장은 전국에서 알아줄 정도로 큰 규모였다. 거기에다 떡집이나 기름방에서 나오는 고소한 향기는 지나가는 사람들의 발걸음을 멈추게 할 정도로 저잣거리는 사람들로 채워졌다. 자연히 돈이 오가는 양이 많아지면서 다양한 볼거리와 즐길 거리가 생겼다. 돈이 있는 곳에 사람이 모인다.

떠돌이 약장수들이 원숭이를 끈에 묶어 재주 부리게 하고 구경꾼들로부터 돈을 받았다. 어떤 때에는 진짜 약을 팔았다. 당시 학교에서는 학생들에게 일률적으로 1년에 한 번 구충제를 주었는데 이런 구충제를 장터에서도 팔았다. 대신 시범 사례가 필요했기 때문에 사탕을 주겠다는 약속을 하고 애들을 구슬려 약을 먹였고 진짜인지 모르지만 약의 효과를 증명이라도 하듯이 약장수는 회충을 보여 주기도 했다. 야바위꾼들이 있는 곳에는 돈내기하는 사람들로 왁자지껄했고 엿장수의 엿판에서 엿치기하는 사람들로 붐볐다. 일정한 리듬으로 두들기는 엿장수의 가위 소리는 풍물 소리와 어우러져 시장을 놀이터로 만들었다.

1960년대 춘양 시내 모습으로, 왼쪽 두 사람 뒤 튀어나온 2층 건물이 극장이다.

춘양시장에는 극장도 있었다. 현재 춘양파출소의 위치에 춘양극장이 있었다. 2층 높이의 건물인 극장 전면에는 화가가 그린 영화 포스트가 걸려 있었다. 새로운 영화가 상영될 때면 빠짐없이 영화 상영을 알리는 순회 차량이 마을을 돌아다니며 스피커로 방송했다. 아직도 잊혀지지 않는 상투적인 멘트는 '총천연색 시네마스코프 영화'이다. 예를 들면 "총천연색 시네마스코프 영화, 문희와 신영균이 주인공으로 나오는 〈미워도 다시 한

번〉이 역사적으로 춘양극장에서 드디어 대개봉됩니다"와 같다. 영화에 쉽게 접근이 가능해지자 어떤 학생은 학교에 가지 않고 몰래 극장에 갔다. 중학교 다닐 즈음에는 성인물을 보려고 멀리 영주에 있는 극장까지 원정 간 친구들도 있었다. 춘양 출신으로 고(故) 김기덕 영화감독이 있다. 그는 춘양에서도 태백산 방향으로 더 들어간 골짜기 마을, 서벽 출신인데 서벽초등학교에 다녔다. 1993년 공교롭게도 나는 그와 함께 영상작가아카데미에 다녔다. 한국시나리오작가협회부설 영상작가교육원이 만든 아카데미인데 같은 반이었지만 처음에는 동향인지 몰랐다. 선생님들이 관심을 가지고 이끌어 주고 있는 프랑스 파리, 거리의 미술가 출신 김기덕이라는 사람이 있다는 정도만 알고 있었다. 영상작가교육원이 주관하는 창작 시나리오 공모전에서 내가 최우수작품상을 타면서 한때 관심을 받았지만 역시 선생님들이 본대로 김기덕 감독은 예술성이 있는 감독이었다. 나중에 김기덕 감독이 유명해진 뒤에 프로필을 보고 같은 동향이었음을 알았다. 안타깝게도 그는 2020년 12월 코로나19로 라트비아에서 유명을 달리했다. 이처럼 오래전의 춘양시장은 마치 〈시네마 천국〉에 나오는 영화 장면처럼 흑백의 서사시와 같다.

춘양시장

하지만 현재의 춘양 전통시장은 많이 바뀌었다. 억지춘양시장이라 일컬어지는 전통시장은 현대적인 건물로 변했다. 시장은 아케이드 시장으로 변했고 장터길은 마주 보는 가게들을 옆에 두고 반듯하게 뻗어 있다. 그 길을 따라 올라가다가 서쪽으로 난 갈림길로 접어들면 넓은 공간이 보인다. 노점과 좌판이 빼곡했던 열린 장터이다. 약장수, 야바위꾼, 풍물꾼 그리고 상인들과 사람들의 소리가 넘쳐 났던 곳이다. 세월이 지났지만 바뀌지 않은 공간은 여기밖에 없는 듯하다. 물질과 외형은 바뀌었지만 농축산물은 바뀌지 않았다. 춘양에는 소고기가 유명하다. 우시장의 영향이겠지만 돌아가신 나의 장인어른은 춘양의 소고기가 그렇게 맛있었다고 했다. 자연과 함께 청정 지역에서 기른 소이니 소고기의 맛은 자연의 맛이다. 이는 소고기에만 해당하지 않는다. 춘양 자연송이는 전국에서 가장 향기가 좋고 맛있다고 알려져 있고, 사과도 품평회에서 최고 등급으로 분류되고 딸기는 신선하고 달기로 유명하다. 여기서 생산되는 농산물은 예전과 같이 여전히 전국의 오지, 청정 자연이 준 선물이라고 할 수 있다.

5. 송이버섯

2018년 9월 20일 북한은 남북정상회담을 기념해 남한에 송이버섯 2톤을 보냈다. 이에 앞서 북한은 2000년과 2007년에도 각각 3톤과 4톤의 송이버섯을 남한에 보냈다. 북한의 김정일과 김정은 국방위원장이 매번 감사의 표시로 칠보산 자연 송이버섯을 선물로 선택한 배경은 무엇일까?

2004년 나는 남북청산결제업무를 담당하면서 북한과 세 차례 협상한 적이 있다. 그때 남한 은행 대표로 파주와 개성을 오가면서 느끼고 경험한 점을 잠깐 언급하고자 한다. 먼저, 여기서 청산결제란 일종의 물물교환방식에 적용되는 결제방식이다. 남북 간의 교역은 물물교환방식으로 하되, 1년에 한 번씩 더 많

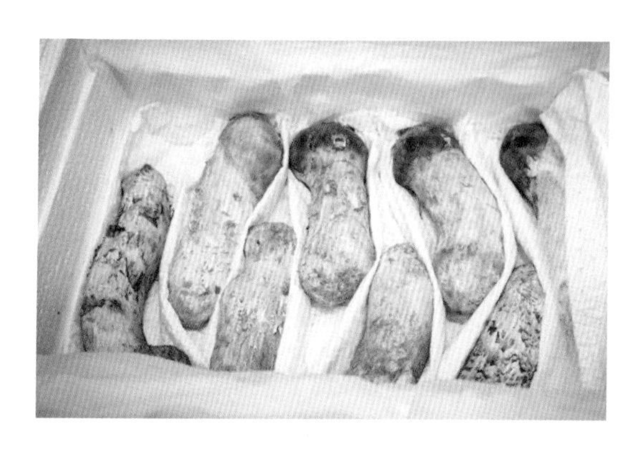

북한산 송이버섯

이 반입한 쪽에서 반입과 반출의 차액(수입액-수출액)을 은행이 정산하는 방식이다. 국제교역에서는 물건을 사고팔 때 매번 결제가 이루어지지만 달러와 같은 외화가 부족한 국가는 이런 방식을 사용한다. 북한이 외화를 쉽게 벌어들일 수 있는 품목을 남북 간 결제품목에서 제외하려고 하는 것은 자연스러운 것이다. 왜냐하면 그렇지 않아도 외화가 부족한데 굳이 이 시스템에 포함시켜 외화 수입을 줄일 필요가 없기 때문이다. 이런 품목으로는 철광석, 석탄, 송이버섯 등이 대표적이다.

자연산 송이버섯이 주요한 외화 수입원임에도 불구하고 북한이 남한에 보낸 것은 무슨 의미인가? 북한의 소득수준(2015년

1인당 국민총생산 기준)은 남한(3094만 원)의 22분의 1 수준인 139만 원에 불과하다. 북한 입장에서 송이버섯의 가치는 우리가 생각하는 수준을 훨씬 넘는다. 그만큼 소중한 선물임을 증명하기 위해서라고 생각된다.

자연산 송이버섯은 인공재배가 불가능하여 오롯이 자연환경과 기후에 따라 자라는 특성이 있다. 따라서 기후 조건이 생육환경에 맞아야 한다. 대체 불가능한 품목이라는 것이다. 소나무를 품은 그윽한 송이 향기에 더하여 씹을 때 느껴지는 아삭한 식감은 다른 버섯에서는 찾을 수 없다. 송이버섯은 적당한 습도를 유지할 수 있는 소나무숲에서 화강암과 사암 지역, 특히 토심이 얕은 마사토 지역에서 많이 자생한다. 송이는 늦여름부터 채취되기 시작하는데 여름 송이는 갓 색깔이 밤색으로 가을 송이보다 다소 짙은 색을 띤다. 일반적으로 송이버섯은 가을철에 본격적으로 출하되기 시작하여 추석이 끝난 후 몇 주간에 걸쳐 채취된다. 송이버섯은 소나무 아래 쌓인 솔잎을 뚫고 나오는데 우리나라 산 전역에서 나온다. 그중 향기가 짙고 버섯 모양과 자루가 튼실한 송이로는 봉화 송이를 일등으로 삼았다. 춘양목이 우거진 산에서 나기 때문이다. 서울 경동시장에서 송이버섯

자연 상태의 송이버섯

상인들에게 물어보면 최고의 송이버섯은 봉화산이라고 한다. 이처럼 널리 알려진 덕분에 가을철이 되면 춘양의 거의 모든 산은 입산 통제가 된다. 송이버섯 불법 채취를 막기 위해 산주나 채취인들은 산에 텐트를 치고 버섯 채취를 관리하고 감시한다.

지금은 돈만 있으면 쉽게 사 먹을 수 있는 송이버섯이지만

1970년대까지만 해도 송이버섯은 일반인이 사 먹을 수 없었다. 송이버섯은 우리나라에서 중요한 외화 수입원이었기 때문에 수매 전량이 일본으로 수출되었다. 1970년대 가을만 되면 우리 집 창고는 송이버섯으로 가득 찼다. 아침부터 아버지는 트럭을 몰고 송이버섯 산지로 버섯을 수거하러 나가셨고 어머니는 집에서 송이버섯을 가지고 온 사람들을 맞이하느라 분주했다.

사람들은 송이버섯을 해가 뜨기 전 새벽부터 산을 돌아다니면서 채취한다. 채취인들은 버스를 타거나 기차를 타고 와서 송이버섯을 수집상에게 팔았다. 특히 채취인들은 기차를 많이 이용했다. 열차가 도착하면 송이 수집상은 이들을 기다렸다. 송이 채취인은 매일 같은 방식으로 채취해서 팔고 하는 과정을 반복했다. 그래서 단골 관계가 형성되었는데, 사람마다 장부를 따로 만들어서 송이버섯을 등급별로 분류하고 등급별 무게를 재어 기록해 놓았다. 송이버섯 입찰이 있는 저녁이 되면 가격이 결정되는데 그 가격을 기준으로 채취인에게 정산하여 주는 방식으로 매매가 이루어졌다.

송이버섯 경매는 면사무소에서 진행되었고 경매 후에는 매입 송이버섯을 운송하는 일이 남는다. 밤 11시경이 되면 송이버섯을 환풍이 잘되는 운송용 플라스틱 상자에 차곡히 넣었다. 그리고 그 상자를 1톤 트럭에 넘칠 정도로 가득 실었다. 내용물이 보이지 않도록 천막으로 씌워 튼튼한 고무밴드로 묶은 트럭은 서울로 떠났다. 이렇게 실린 송이버섯은 곧바로 경동시장으로 배달되었다. 이후 송이버섯은 선별과정을 거쳐 수출용 상자에 포장되었고 곧바로 김포공항으로 이송되어 아침 비행기로 일본 하네다공항에 보내졌다고 한다. 한국산 송이버섯은 산지에서 배달된 후 24시간 이내 일본 식탁에 올라갈 수 있었다. 아버지는 서울로 송이버섯을 배달한 후 당일 트럭을 몰고 춘양으로 돌아오셨는데 잠시 눈을 붙이고 아침이면 다시 똑같은 일상을 반복하셨다.

북한이 보냈다는 송이버섯이 2톤에서 4톤이었다는 사실을 생각하면 매우 많은 물량이 수출되었음을 짐작하고도 남는다. 당시 봉화 송이는 전국에서 최고 품질로 인정을 받았고 봉화에서 한때 송이버섯 최고 출하량을 기록한 사람이 아버지였다. 그렇게 많은 송이버섯을 취급했지만 나는 집에서 1등급 송이버섯을 먹어 본 적이 거의 없었다. 취급과정에서 버섯 머리가 떨어지거나 기둥이 갈라지는 경우에는 가능했다. 대부분 갓이 피어 버린 버섯을 먹었다. 한번은 중학교 친구가 점심 도시락을 펼쳤는데 1등급 송이버섯을 반찬으로 가득 가지고 온 적이 있었다. 송이버섯을 직접 산에서 채취하는 집안 아들이었던 그 친구 덕에 온전한 송이버섯을 맛본 것이 전부이다. 이처럼 송이버섯은 우리나라에서도 매우 귀하게 취급되었다. 외화가 부족하던 시절 송이버섯을 채취하고 수매하고 팔았던 일은 공산품을 만들어 외국에 수출한 것과 다르지 않다. 본인들은 인지하지 못했겠지만 송이버섯을 채취하거나 수매한 사람들은 모두 수출역군이었던 것이다.

이렇게 외화 수입원으로 귀한 대접을 받았던 송이버섯은 내가 대학교에 다닐 즈음 국내에 판매되기 시작했다. 처음에는 백화점 위주로 판매가 이루어졌으나 점차 경동시장 같은 곳에서도 쉽게 구할 수 있게 되었다. 우리나라 국민소득이 올라가고 경제력 수준이 높아짐에 따라 국내 판매가 가능해진 것이었다. 그래도 가격은 매우 비쌌기 때문에 어느 정도 경제력이 뒷받침되어야 사 먹을 수 있었다. 하지만 송이 가격이 항상 고가이지는 않았다. 생산량에 좌우되었다. 일반적으로 송이버섯은 비가 많이 오는 해에는 많이 난다. 강우량이 많아 과일이 잘 익지 않고 벼 수확이 예년 같지 못하다는 뉴스가 많아지면 그해는 대체로 송이버섯 풍년인 경우가 많다. 기상이변과 온난화로 요즘에는 송이버섯 생산량이 예년 같지 않다. 1980년대 초 어느 해인지 정확하게 기억나지는 않지만 한 해는 송이버섯이 풍년이었다. 그래서 시골에서 1등급 송이버섯 한 상자를 대구 하숙집 주인에게 선물로 드리라고 해서 가져다준 적이 있었다. 과거 기준으로는 한 상자만으로도 한 달 하숙비를 내고도 남는 수준이었는데 딱 한 번 그렇게 선물로 하숙집에 주었다. 처음 보는 자연 송이버섯에 놀라기도 했지만 하숙집 주인 내외분은 그 향기에 취했다. 그윽한 향기는 송이버섯이 아니면 어디에서도 맡을 수 없는 향기였기 때문이었다. 그날 물론 나는 융숭한 하숙집 식사를 대접받았다.

송이 채취인들은 기차나 버스를 이용하여 송이를 가지고 왔기 때문에 자연스럽게 송이 수집상들은 주로 기차역이나 버스 정류장 근처에 송이 마을을 이루었다. 특히 자가용이 거의 없었던 시절 춘양역을 따라 시내로 이어지는 도로 옆 가게는 송이버섯 수집상들이 차지했다. 시장에는 술집을 비롯하여 다방, 음식점, 예식장, 잡화상, 철물점 등이 많았지만 송이버섯 수집상은

버스 정류장과 기차역 부근의 송이 파는 가게들

교통이 편리한 위치에 있었다. 지금도 예년 같지는 않지만 기차역과 버스 정류장 근처에는 송이버섯을 취급하는 수집상들이 있다.

우리 집도 춘양역에서 가까웠다. 게다가 산림을 책임·관리하는 기관인 남부영림서(현 남부지방산림청) 사무소가 바로 집 앞에 있었다. 이는 많은 채취인이 찾아온 이유이기도 하다. 채취인들은 한번 시내에 나오면 장을 보거나 술 한잔 후 편하게 역에서 기차로 귀가했다. 아버지는 세월을 이기지 못하여 1990년대 즈음에는 송이 수집을 그만두셨지만 송이산 관리와 송이 채취는 한동안 계속하셨다. 나도 송이산을 지키기 위해 함께 산속으로 들어간 적이 있다. 송이산 정상 근처에 3~4인용 텐트를 치고 생활했다. 송이버섯을 채취해서 산림조합에 건넨 시간을 제외하고는 우리는 거의 산에서 내려오지 못했다. 더구나 초보자에게는 텐트로 올라가는 길도 보통 어려운 것이 아니다. 송이버섯이 나오는 땅을 피해 발걸음을 옮겨야 하기 때문이다. 길을 잘못 들어 송이밭을 밟는 경우에는 송이밭이 뭉그러져 송이버섯이 잘 올라오지 않는다고 한다. 한밤이 되면 좁은 텐트에서 잠을 자는데 손전등을 끄면 말 그대로 칠흑 같은 어둠이 내렸다.

우리 집 송이 창고

아무것도 보이지 않고 오직 하늘의 별만 반짝였다. 휴대폰이 터지지 않는 것은 당연했다. 그리고 새벽이 되면 깜깜했지만 송이버섯을 채취하기 위해 준비를 시작했다. 그런데 정말 안개가 깔린 산은 송이 향으로 가득 찼다. 송이 향을 맡으면서 정해진 길을 따라서 송이밭이라고 하는 지역에서 송이버섯을 땄다. 그렇게 산속에 있었던 며칠간은 속세와 인연을 끊은 시간이었다. 아직도 깜깜한 그 밤하늘을 잊지 못한다.

잊지 못하는 것은 송이 향기도 마찬가지다. 지금도 춘양 우리 집 창고에서는 송이 향이 나는 듯하다. 서울에 사는 우리 애들은 춘양 창고에 가기만 하면 송이 향이 난다고 한다. 오랫동안 송이를 창고에 쌓아 두고 거래했으니 향기가 배었던 것 같다.

2부
흐르는 강물처럼

6. 운곡천

1993년 초 나는 친구가 운영하는 영화 번역 사무실 영크리에이티브시네마(Young Creative Cinema)를 방문했다. 그곳에서는 외국영화에 한글 자막을, 한국영화에 영어 자막을 넣는 작업을 준비하고 있었다. 영상은 화면 자체가 예술이므로 자막 없이 영화를 보는 것이 최선이지만 외국영화를 그냥 볼 수는 없는 것이다. 그래서 자막을 입힌다. 외국영화는 개봉되기 전에 번역용 비디오 원판이 들어온다. 비디오 원판을 보면서 한글 대사를 만드는데 영화가 극장에서 실제 상영될 때 관객들이 의식하지 못할 정도로 간결하고 정확해야 한다. 그래서 대사는 세로로 두 줄, 길어도 세 줄 정도가 최대이다. 그렇게 해야 감독이나 제작자가 구현한 영상이 온전히 전달되는 것이다. 당시 친구가 오랜만에 좋은 작품이 들어왔으니 한번 보라고 해서 나는 그 사무실에서 비디오 원판으로 영화를 자막 없이 보았다. 영어로는 〈A River Runs Through It〉인데 〈흐르는 강물처럼〉이라고 번역된 영화이다. 굳이 직역하면 '강물은 시간을 관통해 흐른다'이다. 로버트 레드포드(Robert Redford)가 감독하고 브래드 피트(Brad Pitt)가 출연한 미국영화인데, 아카데미 촬영상을 받은 작품이다. 나는 이 영화를 보자마자 좋아서 흠뻑 빠져들었다. 나는 그 친구 사무실에서 파트타임 아르바이트로 번역일을 하고 있었는데 친구 덕분에 우리나라에서 자막이 없는 원본을 본 두 번째 사람이 되었다. 그 친구가 당연히 이 대작을 번역했고 그 영화는 극장에 상영되어 현재까지도 다양한 경로를 통해 영화 애호가의 사랑을 받고 있다. 누구나 일생을 살면서 고마운 사람이 항상 있게 마련인데 그는 그런 몇 안 되는 사람 중의 한 사람이다. 불행하게도 1997년 우리나라가 IMF 구제금융을 받을 정도로 경제적으로 큰 어려움을 겪었던 시기에 이 친구는 한국을 떠났다. 가족과 함께 호주로 이민 갔다.

〈흐르는 강물처럼〉을 처음 본 순간 운곡천이 떠올랐다. 영화

영화 〈흐르는 강물처럼〉의 원작 포스터와 한국판 포스터

의 배경이 된 곳은 미국 몬태나주이기 때문에 우리나라의 강과는 차이가 있지만, 강물과 낚시는 자연스럽게 고향의 강과 어린 시절의 낚시를 떠올리게 했다. 몬태나주의 블랙풋강(Blackfoot River)과 춘양의 운곡천은 각각 깊은 로키산맥과 태백산맥의 산악 지역을 배경으로 강 상류 지역에 자리 잡고 있다. 따라서 물살이 세다. 물살이 센 지역에서는 낚시를 가만히 앉아서 하지

못한다. 강물을 따라 내려가면서 낚싯대를 아래위로 움직여 낚아채듯이 물고기를 잡아야 한다.

그런데 블랙풋강에는 송어가 살지만 운곡천에는 송어가 살지 않는다. 따라서 운곡천에서는 낚시를 할 때 굳이 플라이 낚시를 하지 않아도 된다. 강에 살고 있는 돌유충(돌에 붙어살고 있는 유충)을 미끼로 삼아 낚시했다. 잡히는 고기도 주로 피라미, 갈겨니, 꺽지 등 소위 아담하면서 하천 상류 1급수에 사는 물고기들이 대부분이었다. 물이 맑고 자갈과 모래톱이 곳곳에 있었기 때문에 물고기들이 살기에 최적 환경이었다. 그래서 어린 시절에는 천렵하면 쉬리, 모래무지, 돌고기, 동사리, 기름종개, 퉁가리 등과 같은 다양한 물고기가 많이 잡혔다. 깊은 소에는 물론 메기도 살고 있었는데 줄낚시로 잡기도 했지만 잠수를 잘하는 친구들은 깊이 잠수하여 작살로 메기를 잡았다.

잡히는 고기의 종류와 크기는 다르지만 낚시할 때 강물에 반짝이는 윤슬은 운곡천에서 매번 느껴 보는 황홀경이다. 영화에서 흐르는 계곡의 물소리를 배경음악으로 삼아 펼쳐진 강여울의 윤슬과 휘감기는 듯 나선형으로 뻗어진 낚싯줄이 사뿐히 강물에 내려앉는 장면은 이루 말로 표현하기 힘든 감동적인 장면

운곡천 계곡물

쉬리 / 모래무지 / 동사리 / 퉁가리

이었다. 풍광만을 기준으로 할 때 운곡천에도 경치가 빼어난 곳들이 있다. 어은동, 사미정 그리고 돌고개 계곡이다. 깊은 태백산맥에서 흘러내려 오는 맑은 강물과 수려한 운곡천의 경관은 몬태나주와 다를 바가 없었다.

운곡천(雲谷川)은 백두대간 태백산 줄기인 구룡산(1346미터), 각화산(1202미터)을 좌측에 끼고 옥석산(1244미터), 문수산(1207미터)을 우측에 품은 모양새로 구룡산과 옥석산 사이의 골짜기에서 발원해 춘양면 서벽, 애당을 적시고 법전면을 돌아 명호면에서 낙동강에 합류하는 약 30킬로미터 길이의 물줄기다. 대동여지도에서는 운곡천을 도미천(道美川)으로 적고 있다. 운곡천이라는 이름은 19세기 중반 이후에 쓰인 것이라고 한다. 운곡천은 높은 산을 옆에 끼고 흐르는 특성으로 인해 큰비가 오면 아래쪽 마을은 홍수로 피해를 입었다. 내가 살았던 춘양면 의양리의 운곡마을도 큰비가 오면 홍수가 자주 나는 저지대여서 우리 가족과 이웃들은 높은 지역으로 피신을 가곤 했다. 특히 2008년 7월에는 집중호우로 춘양의 주택 193동이 파손되거나 침수되어 특별재난본부가 애당에 설치되었다. 이때 예전에 우리 가족이 살던 마을도 흔적도 없이 사라졌다. 도지사는 물론 국무총리, 국

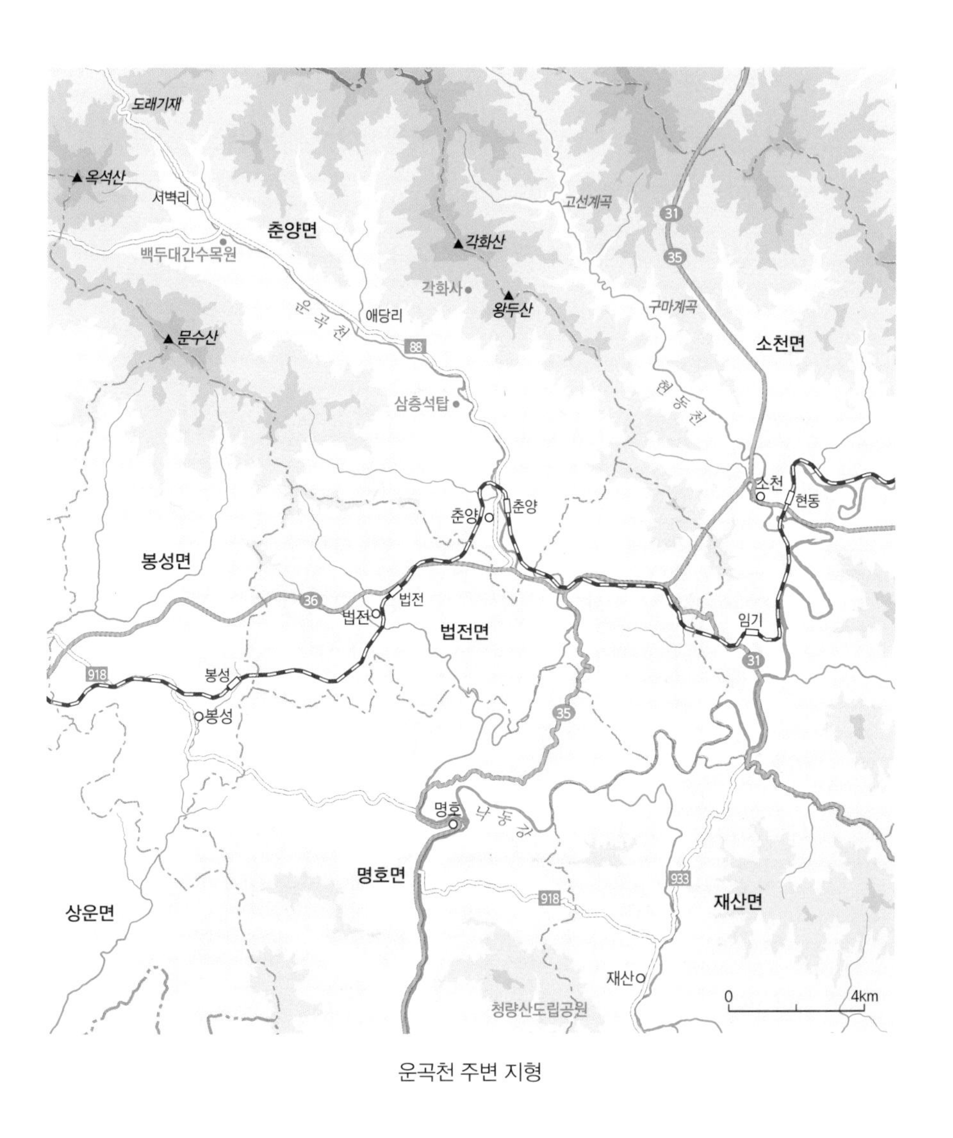

도래기재
옥석산
서벽리
춘양면
백두대간수목원
고선계곡
각화산
31
35
각화사
왕두산
구마계곡
운곡천
애당리
문수산
88
소천면
삼층석탑
현동천
소천
현동
춘양
춘양
봉성면
36
법전
법전
법전면
임기
31
918
봉성
봉성
35
명호
낙동강
명호면
933
918
재산면
상운면
재산
0
4km
청량산도립공원

운곡천 주변 지형

회의원이 현장을 찾아 피해복구 지원을 약속했는데 그 결과 춘양면 운곡천을 중심으로 하천이 정비되었다. 하천 바닥이 준설되고 보가 만들어졌고 제방이 정비되어 홍수 걱정은 덜었다. 처음 준설공사를 할 때는 물고기 서식지 파괴와 같은 환경 파괴가 염려되었으나 시간이 지나면서 강은 스스로 환경을 복구하는 치유능력을 보였다. 이제 왜가리는 물론 청둥오리도 깊어진 하천을 따라 유영하는 모습을 자주 볼 수 있다. 물고기와 다슬기도 예전만큼 강에서 많이 볼 수 있게 되었다.

내가 초등학교에 들어갈 즈음 철길 건너편 집에서 운곡마을로 이사를 와 살게 되었다. 그 집은 운곡천 바로 옆에 있었다. 우리 집뿐 아니라 이웃집 모두 제방을 따라 자리 잡고 있었다. 사립문을 열고 제방에 걸쳐진 나무 사다리로 내려가면 강이었다. 큰물이 질 때면 발 바로 앞이 강물로 차올랐을 정도로 집은 강에 붙어 있었다. 강에서 동네 아줌마들은 빨래했고 남자들은 낚시나 물고기를 잡는 그물 족대인 반도로 고기를 잡았다. 물이 맑았기 때문에 잡은 고기를 날것으로도 먹었다. 내가 난생처음 먹은 회는 민물 피라미회였다. 상추로 싸서 먹었는데 꿈틀거리는 물고기의 신선함과 맛을 아직도 잊지 못한다.

나는 사계절 내내 운곡천을 보면서 살았다. 사립문을 열고 강을 바라보면서 하루가 시작되고 하루가 쌓여서 365일이 되고 2년이 되고 10년이 되었다. 내가 고등학교 1학년이 될 때까지 운곡천과 함께 지냈다. 장마로 운곡천이 넘쳐 가끔 방 안까지 물이 들이닥친 후에는 마당과 부엌에 쌓인 진흙을 쓸어 내기도 했지만 그런 날은 많지 않았다. 아침에 사립문을 열면 물고기가 물 위로 뛰어올랐다. 제방 아래 물에는 고기가 쉼 없이 헤엄쳤다. 저녁노을에 비친 강물에는 물고기들이 정신없이 솟아올랐다. 마치 비가 오는 듯이 여기저기 둥근 원을 그리며 솟아올랐다가 꺼졌다. 한국의 시베리아답게 겨울이 되면 운곡천은 그야말로 꽁꽁 얼었다. 새벽에 얼음이 갈라지는 소리에 잠을 깬 적이 한두 번이 아니다. 온도가 가장 떨어지는 새벽에는 얼음의 밀도가 높아져 팽창한다. 이때 거대한 빙판이 갈라지면서 굉음을 내는데 이 소리가 매년 겨우내 들렸다. 얼음이 녹기 시작하고 봄이 되면 물에는 물고기들이 활발히 움직였다. 만물이 소생하는 초록빛 색깔이 완연해지면 사람들은 낚싯대를 들고 물고기를 잡으러 강으로 나갔다. 강에 깔린 돌과 바위를 모으고 움직여 물길을 바꾸고 고기를 몰아가면서 천렵을 했다. 한밤중 빙판이 갈라지는 굉음은 그쳤지만 물 흐르는 소리는 변함이 없었다. 운곡천은 항상 흐르는 물이었다. 그래서 강물 흐르는 소리는 너무나 친숙하고 익숙하다. 영화 〈흐르는 강물처럼〉에서 폴(브래드 피트)이 낚시를 던지기 전까지의 장면은 흐르는 물소리로 가득하다. 그리고 낚싯줄이 예술처럼 날갯짓하며 송어가 있는 바위 옆 소용돌이에 던져지면서 배경음악이 나온다. 폴은 곧 월척 송어를 낚아챈다. 나는 물소리와 물 흐르는 장면 그리고 낚시에 빠져들었던 것이다.

운곡천이 흐르는 봉화와 춘양 지역은 자연경관이 빼어나다. 그렇기 때문에 사람들이 탐낼 만도 하다. 지금도 서울을 비롯하여 외지 사람들이 들어와 골짜기에 집을 짓고 살고 있다. 인적이 드물고 경관이 아름다운 곳에 치유를 위해서든 유유자적한 삶을 누리기 위해서든 나름의 행복을 추구하기 위해 이주한 사람들이 제법 된다. 과거에도 마찬가지로 다른 지역에서 유학자들이 이주하여 살기도 했다. 이주한 유학자에는 안동 출신 권벌(權橃)이 있는데 그는 중종 때 사후 영의정까지 추증된 인물이다. 병자호란 때 파주에서 이주한 강흡이 법전에 터를 잡았고, 송강 정철의 손자 정양, 심의겸의 손자 심장세, 홍가신의 손자

홍우정, 홍섬의 증손 홍석 등 태백오현(太白五賢)도 이때 봉화로 이주해 왔다. 임진왜란 때 왜군을 피해 유성룡의 형 유운룡은 정양이 이주한 춘양면 도심촌으로 피난 왔다.

자생적으로 강인한 인물도 나왔다. 일반적으로 지리적 특성은 주민의 기질에 반영되기도 한다. 산세가 아름다운 지역에는 예술가들이 많이 나오고 험준한 산악 지역에는 강인한 인재가 나온다. 중국과의 교류 등의 영향도 있겠지만 산세가 아름다운 호남 지역에는 예술가들이 많이 나왔고 경상도 지역에는 유학자와 호한(好漢: 의협심이 많은 사람)들이 나왔다. 산세와 풍광은 지역 주민의 기질과 성격 형성에 영향을 준다. 영국만 보더라도 애덤 스미스(Adam Smith) 등 유명한 경제학자나 철학자, 제임스 와트(James Watt) 등 산업혁명의 주역들 상당수가 산악 지역이 많은 스코틀랜드에서 나왔다. 경상북도 북부 지역은 백두대간의 영향을 받아 일기당천의 호한들이 많고 학문과 예절을 숭상하는 선비의 고장으로 알려져 있다. 조선 시대 안동부에 속했던 봉화현과 춘양현에도 뛰어난 학자가 많았다. 대표적인 학자로는 정도전(鄭道傳), 금의(琴儀), 김생(金生)을 들 수 있다. 낡은 고려를 버리고 새로운 정치 체제를 꿈꾸었던 조선의 설계가이

정도전 초상화

자 혁명가인 정도전은 그가 아니었으면 조선이 탄생하지 못했을 만큼 강인한 인물이었고, 고려 고종 때의 명신 금의도 강직하기로 유명한 인물이었으며, 통일신라 시대 서도가로서 예서, 행서, 초서에 뛰어난 김생은 '해동필가(海東筆家)의 조종(朝宗)', '해동의 서성(書聖)'으로 일컬어지는 인물로, 모두 봉화가 본관(출신)이었다. 이처럼 봉화에는 세상을 피해 이주해 오거나 또는 스스로 학문을 연구한 선비와 유학자들이 많았다.

7. 계곡

유학자들은 자연을 따라 풍류를 즐겼는데 어떤 이는 운곡천을 따라 풍류를 즐겼다. 그들은 산세에 어울리는 정자를 지었다. 우리의 전통 건축양식이 그러하듯이 자연에 순응하는 모양새이다. 춘양 출신의 유학자 이한응은 한시 「춘양구곡가(春陽九曲歌)」를 지어 정자와 계곡의 아름다움을 찬미했다. 아홉 개 굽이에 정자가 있었지만 세월이 흘러 어떤 정자는 이름만 남고 사라졌다. 그래도 아름다운 계곡과 강의 모습은 여전하다. 「춘양구곡가」는 조선 말 춘양에 속했던 운곡천의 계곡을 노래했기 때문에 그 외의 상·하류 계곡은 빠져 있다. 먼저 이 춘양구곡 중에서 대표적으로 아름다운 곳을 꼽는다면 어은동(漁隱

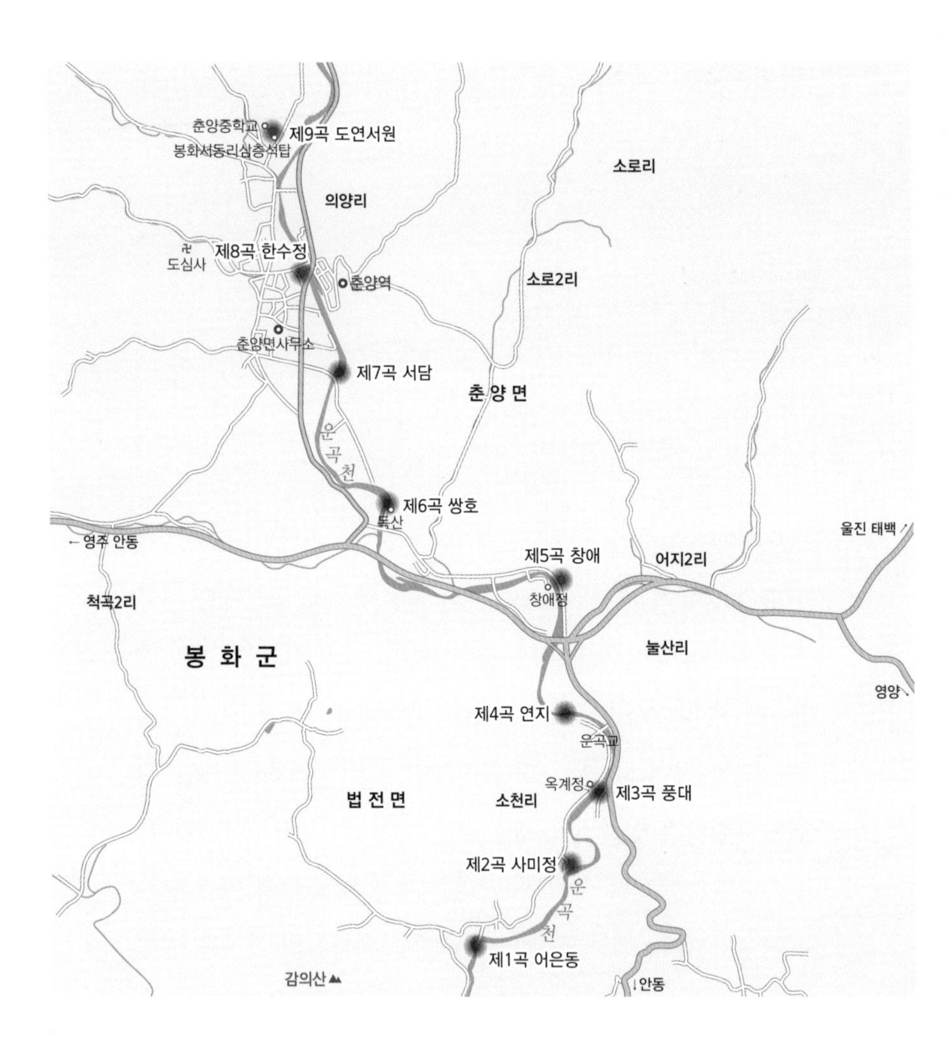
춘양중학교
제9곡 도연서원
봉화서동리삼층석탑
소로리
의양리
제8곡 한수정
도심사
춘양역
소로2리
춘양면사무소
제7곡 서담
춘 양 면
운
곡
천
제6곡 쌍호
독산
← 영주 안동
울진 태백
제5곡 창애
어지2리
창애정
척곡2리
봉 화 군
눌산리
영양
제4곡 연지
운곡교
옥계정
제3곡 풍대
법 전 면
소천리
제2곡 사미정
운
곡
천
제1곡 어은동
감의산
↓안동

춘양구곡

洞)과 사미정(四未亭)이다.

어은동 계곡은 백두대간에서 내려온 물줄기가 춘양을 지나 법전면 감의산을 만나 암벽에 부딪히면서 그 아래에 깊은 소(沼)가 만들어진 계곡이다. 여기서 어은(漁隱)은 물고기가 숨을 정도로 깊은 곳이라는 뜻이다. 상류에서 휘몰아쳐 내려오는 강물이 잠시 머물면서 만들어 낸 소는 말 그대로 물고기가 숨기 쉬운 지형을 만들었다. 절벽 아래 깊은 소에는 오랜 세월이 만들어 낸 바위굴이 있고 그곳에 물고기들이 숨어 서식하고 있다. 물이 깊어 잠수를 잘할 수 있는 사람에게 보이는 물고기 은신처이다. 고등학교 시절 나는 친구들과 함께 어은동에 물고기를 잡으러 간 적이 있다. 지금보다 훨씬 맑고 깊은 물에 낚싯대를 드리우고 고기를 낚고 작살로 메기를 잡는다고 절벽 아래 소에 들어가기도 한 적이 있다. 춘양면 소재지를 가로지르고 있는 운곡천에서는 보기 힘든 많은 물고기를 잡기 위해 더 골짜기로 찾은 지역이 하류에 있는 어은동이었다.

운곡천 상류에서 흘러들어 온 냇물이 부딪히는 절벽의 바위 아래 소를 적연(笛淵)이라고 하고 그 위로 솟은 암벽은 옥순봉(玉筍峰)이라 한다. 이곳 옥순봉에 어은정(漁隱亭)이라는 정자가

어은동 계곡(봄)

어은동 계곡(겨울)

있었다. 어은정이 얼마나 깊은 골짜기에 지어졌는지는 정자를 지은 인물의 역사를 보면 알 수 있다. 어은정은 광해군의 폭정을 피해 봉화에 내려온 가문과 연관이 있다. 눌은(訥隱) 이광정이 어은정을 지었는데 그는 광해군 때 피난 온 이택이라는 인물의 증손자였다. 『조선왕조실록』을 태백산사고지에 보관한 까닭도 춘양이 『정감록』에서 언급된 대로 천하 십승지의 하나였기 때문인데, 비슷한 사유로 이택도 오지인 이곳으로 이주해 온 것이다. 학문이 뛰어난 이광정은 18세기 중엽 즈음 만년이 되었을 때 그의 문학이 산남(山南)의 제일이라고 여겨진 인물이었다. 세월과 함께 어은정도 사라졌고 그와 함께 이광정이라는 인물도 여기서 알 수 있는 길이 사라졌다. 하지만 어은동의 사계는 여전히 아름답다. 한겨울 얼음과 눈으로 덮인 강과 절벽은 그야말로 한 폭의 동양화를 연상하게 하고, 봄과 여름에는 흐르는 물과 계곡이 어우러져 보는 이로 하여금 바쁜 도시 생활을 잊어버리게 한다. 세월이 흘러 지금은 계곡 북쪽 언덕에 있는 민박집이 어은정을 대신하여 풍광을 즐기고 있다.

사미정은 어은동의 북쪽 약 1킬로미터 지점에 있고 춘양면 소재지를 기준으로는 남쪽 약 6킬로미터에 있는 정자이다. 이

사미정에서 바라본 계곡

정자가 있는 계곡을 사미정 계곡이라고 한다. 사미정은 운곡천의 강물을 감싸 안고 다시 멀리 내려보내는 넓은 암반의 언덕 위에 서 있다. 사미정이라고 하면 춘양 사람들은 먼저 이 넓은 바위와 울창한 소나무를 생각한다. 초등학교나 중학교 때 소풍을 갔던 단골 지역으로 사미정 계곡과 학산리 소나무숲 그리고 석현 돌고개를 들 수 있다. 그중 단연 가장 아름다웠던 지역은 사미정 계곡이다.

사미정은 1727년 정미년에 지어졌다. 정확히는 조덕린이 정미년 정미월 정미일 정미시에 맞춰 지으라고 했다. 그래서 사미정(四未亭)이라고 부른다. 너럭바위에는 마암(磨巖)이 새겨져 있는데 사미정을 만든 조덕린의 손자 조진도의 호다. 사미정의 현판과 마암의 글씨는 정조 때 탕평책을 추진한 영의정 채제공이 썼으며 사미정으로 가는 길 오른편에는 조덕린의 제자 옥계 김명흠이 거주했던 옥계정이 있다. 이처럼 사미정은 유림의 학자와 연관이 많았음에도 널리 알려지지 않았다. 앞서 언급했듯이 지리적 특성이 주민의 기질에 영향을 준다고 했는데, 꼿꼿한 성품의 조덕린이 그런 기질의 인물 중 한 명이다. 그는 경종이 승하하고 영조가 즉위하자 붕당의 타파에 관한 상소문 십조소(十

사미정

條疏)를 올렸다가 유배를 당했다. 그리고 2년째 되던 해에 다시 풀려나 고향으로 돌아왔으나 다시 10년 뒤에 십조소로 인해 당쟁에 휩쓸려 제주도와 전남 강진으로 유배를 떠났다가 세상을 하직하게 되었다. 영남 남인을 상징하는 선비였다. 요즘의 표현으로는 지식인이었다. 선비는 학문하는 사람이나 일반적으로 벼슬은 하지 않은 사람을 말한다. 과거에 급제하고 벼슬까지 갖추고 있는 사대부(士大夫)보다는 학문적으로나 철학적으로 옳고

바른 일을 하는 선비의 정신이 이 지역에서 더 자랑스러운 문화였다고 할 수 있다. 조덕린이 주장한 탕평책을 추진했던 정조 때 영의정 채제공이 사미정 현판을 쓴 데에는 그런 선비정신을 높이 산 데 따른 것이 아니었나 생각이 든다.

사미정은 운곡천을 통틀어 가장 아름다운 계곡에 자리 잡고 있다. 크고 작은 바위가 많이 있어 내려오던 물은 고일 법도 한데 바위 사이를 휘몰아 나와 아래쪽으로 바삐 움직인다. 물살이 세기 때문이다. 낚시를 시도하면 낚싯바늘이 빠르게 하류로 흘러내려 간다. 그래서 대나무 낚시를 사용하지 않고 주로 견지 낚시를 사용했다. 둥근 얼레에 낚싯줄을 감아 만든 견지는 마치 재봉할 때 사용하는 실패와 유사하다. 견지에서 낚싯줄을 풀어 강물에 띄우고 줄을 앞뒤로 당기고 놓고 하는 방식으로 흘림 낚시를 했다. 낚시에 미끼가 마치 살아 움직이는 모습이 되도록 함으로써 물고기를 유혹하는데 줄을 당길 때 느낌으로 물고기를 잡는다. 성격이 급한 강태공에게는 이렇게 잡는 방식이 성에 차지 않기 때문에 반도를 들고 풀숲을 헤치면서 물고기를 몰아 잡는 경우가 더 많다. 사미정 아래쪽은 강 옆에 수초들이 무성하여 물고기 서식지로서 최적이다. 그래서 천렵이 대세였다.

창애정

사미정은 외지 친구들이 찾아오면 빠짐없이 소개했던 곳이기도 하다. 세월이 지나도 사미정의 모습은 여전하다.

춘양구곡에서 어은동, 사미정 계곡을 제외한 나머지 계곡은 옛 모습이 거의 사라졌다. 그래도 유적이 남아 있는 곳으로는 창애정(滄崖亭), 한수정(寒水亭)이 있다. 두 정자는 모두 평지에 있다. 한수정은 특히 안동 출신 충재(冲齋) 권벌이 세웠던 거연헌이라는 정자를 대신해 손자인 권래가 1608년 다시 세운 정자

한수정 / 청암정

이다. 권벌은 문과에 급제한 인물인데 그 역시 1519년 기묘사화로 파직되어 춘양에 온 인물이다. 정자는 춘양면 동촌마을 운곡천 물가에 있다. 춘양면이나 운곡천과는 관계가 없지만, 권벌 후손들이 500년간 집성촌을 이루고 있는 봉화읍 유곡리 닭실마을의 청암정(靑岩亭)도 아름답기로 유명하다.

춘양구곡에는 포함되어 있지 않지만 춘양면 석현에 있는 돌고개를 언급하지 않을 수 없다. 돌고개는 지명 이름이지만 춘양 사람들이 돌고개라고 할 때는 운곡천의 일부로서 돌고개 계곡을 의미한다. 춘양면 소재지에서 차로 약 10분 정도 걸리는 북쪽에 있는 돌고개 계곡은 운곡천 물이 발원지에서 문수산 자락을 따라 남쪽으로 내려오면서 만나게 되는 거의 첫 번째 깊은 소가 있는 계곡이다. 백두대간수목원에서 내려오는 운곡천 물은 산에 가로막혀 크게 후퇴하면서 물길 모양이 역(逆) 에스(S) 자로 윗부분이 납작이 눌린 형태를 취하고 있다. 이 계곡은 현재 상수원 보호구역으로 지정되어 있으므로 사람들은 물에 들어가지 못한다. 그 덕에 예전의 풍광이 그대로 유지되고 있다. 절벽 아래 소를 거쳐 흘러내리는 물은 사람의 손이 닿지 않은 바위와 돌을 사정없이 지나 큰 물소리를 내면서 내려간다. 세월

청정 돌고개 계곡

을 조각한 바위는 모난 데가 없다. 그 물길 위로 눈길을 돌리면 소나무가 빼곡히 들어선 전경이 한눈에 펼쳐진다. 크고 작은 절벽이 많은 산은 깊고 나무가 울창하여 멧돼지들이 서식하기에 안성맞춤이다.

사람들도 들어가기를 두려워하는 소나무숲에는 토종벌통이 많이 놓여 있다. 절벽 바위 앞에 놓인 벌통은 그냥 어쩌다 생긴 벌통이 아니다. 통나무를 적당한 크기로 자른 후 내부를 끌로 모두 파내어 만든 통이다. 많은 노동이 들어간 만큼 그 노고를 잊지 않고 토종벌들이 찾아와서 집을 짓고 꿀을 저장하는 것이다. 나는 돌아가신 선친을 도와 여기에 벌통을 놓았다. 지금은 어머니와 함께 관리하고 있지만 보통 어려운 일이 아니다. 토종벌은 말벌이나 서양벌로부터 보호해 주어야 한다. 그렇게 하려면 벌통을 자주 점검해 주어야 하지만 멧돼지 가족을 맞닥뜨릴까 봐 걱정이 앞서기 일쑤이다. 멧돼지들이 물을 마시기 위해 물가로 오는 경향이 있으므로 산에 들어가기 전에 우선 강을 먼저 살피는 것이 필수가 되었다. 또한 산에는 담비와 족제비도 살고 있다. 특히 족제비는 꿀을 좋아하기 때문에 토종벌 소리를 듣고 벌통으로 달려드는 습성을 갖고 있다. 튼튼한 통나무로 벌

토종벌통

통을 만드는 데에는 이유가 다 있다.

그런데 지난해 토종벌이 든 양봉통(서양벌통)은 물론 통나무 벌통 두 개가 손상되었다. 족제비가 벌과 꿀을 먹으려고 통을 부쉈다. 겉이 얇은 스티로폼 양봉통은 그냥 갉아 부쉈고 둥근 통나무 벌통은 굴려 넘어뜨려 부쉈다. 영리한 족제비다. 사람이 벌을 키우는 것을 잘 알고 있다. 하지만 무엇보다 불편한 것은 사람이다. 이 지역은 엄연히 토종벌 보호구역으로 지정되어 있지만 양봉업자들이 몰래 양봉통을 인근에 갖다 놓았다. 그러면 어김없이 서양벌이 토종벌을 공격하는 일이 생긴다. 토종벌이 저장해 놓은 꿀을 서양벌이 약탈해 간다. 양봉업자들은 토종벌을 보호하기 위해서라도 보호구역 인근에는 들어오지 않는 것이 상식이다. 그렇지 않아도 벌의 개체 수가 줄어들고 있는 환경인 데다가 토종벌이 싸움하게 되면 그 개체 수가 더욱 줄어들 것이기 때문이다. 사과나무는 사람이 일일이 꽃을 다니면서 수분을 한다. 원래 벌이나 나비가 하던 수분을 사람이 하는 형국이라 이런 수고를 줄이려면 벌의 개체 수를 늘리는 것이 필요하다.

자연이 가장 온전히 보존된 지역은 돌고개 계곡이다. 사람들의 발길이 닿지 않는 곳이라 자연이 살아 숨 쉬고 있다. 봄과 가을이 되면 꽃과 단풍으로 돌고개 계곡은 물든다. 돌고개 계곡이 아름다운 자연과 함께 잘 보존되기를 기대한다.

8. 낙동강 낚시 여행

어린 시절 나는 시간이 날 때면 동네 친구들과 함께 운곡천을 따라 상·하류로 이동하며 물고기를 잡았다. 주로 1급수에 사는 쉬리와 같은 보호어종을 포함하여 꺽지, 피라미, 버들치와 같은 물고기를 잡았다. 따라서 큰물이 지면 바위틈을 헤집고 나오는 메기를 잡을 때를 제외하고 대부분 물고기는 크기가 작았다. 씨알이 잘았다. 그런데 낚시를 좀 하는 사람들은 낙동강에서 가물치를 잡아 오곤 했다. 낙동강 상류의 임기라는 마을에서 잡았다고 했다. 그래서 입소문에 따라 임기는 물고기가 많은 지역으로 자리매김했다. 내가 고등학교에 다니던 시절 가랑비 내리던 어느 날엔가 한 친구의 제안으로 임기에 물고기를 잡으러 가게 되었다. 우리에게는 대학입시의 스트레스는 별로 없었다. 왜냐하면 일부를 제외하고 모두 실업계 고등학교에 다니고 있었기 때문이었다. 나도 대학입시 준비에 큰 스트레스를 받는 편도 아니었다. 아니 대학을 꼭 가야 하는지에 대한 정보조차 없었다고 하는 편이 더 정확한 표현이다. 심지어 고3 여름방학 때 친구들과 함께 동해 바닷가로 추억 만들러 놀러 가기도 했으니 말이다. 지금 생각하면 철없는 행동이었지만 원하는 추억 만들기는 성공했다. 하여간 우리는 임기로 낚시하러 떠났다.

임기에는 기차역이 있다. 영동선은 영주에서 강릉까지 잇는 철도 노선인데 임기역은 당시 기준으로 춘양역–녹동역–임기역으로 이어진 영동선의 한 역이었다. 요즘 일반적으로 많이 알려진 백두대간협곡열차 V–트레인은 현동–분천–양원–승부–석포–철암역을 운행한다. 2017년부터 이 구간에 봉화와 춘양이 포함되어 봉화–춘양–현동–분천–양원–승부–석포–철암역으로 운행되었는데, 현재 코로나19로 운행이 중단되어 있다. 임기역은 바로 춘양과 현동 사이에 있는 역이다. 우리는 춘양역에서 강릉행 기차를 타고 임기역에서 내렸다. 그리고 낙동강으로 향했다. 모두 접히지도 않는 긴 대나무 낚싯대를 들고 우의를

임기 부근의 낙동강 상류 모습

입고 그렇게 낙동강 낚시 여행을 떠났다. 그때의 추억을 20대가 된 어느 날 기록해 놓았다. 그 기록을 여기에 옮긴다.

낙동강 낚시 여행

처음엔 시골 처녀의 미소처럼 잔잔하면서 조용하게 넉넉한 푸른 대지를 적시던 비가 한번 가속도가 붙어 버린 증기기관차의 쇠바퀴와 같은 폭우로 변하여 시골 들녘을 채웠다. 회색빛 하늘에 구멍이 뚫려 버린 듯 벌써 사흘째 내리붓고 있는 비가 곧 그칠 것이라는 기대는 강에 떨어지는 수많은 물방울 거품 속에서 여지없이 터져 버렸다. 시골의 가을 들녘은 항상 마음을 풍요롭게 해 주는 여유를 가져다준다. 그 풍요는 눈이 부시도록 푸른 가을 하늘 아래 고개를 숙여 서로 비비대는 벼 이삭의 속삭임에서, 혹은 산속 깊이 울려 퍼지는 산새의 청아한 소리에서 느낄 수 있는 풍요이다. 계속 강물에 내리고 있는 수많은 물방울은 풍요로운 대지 속으로 입김을 속속 불어넣고 있었다. 젖은 나무를 태울 때 솟아나는 연기처럼 희미한 운무가 새롭고 다정한 미완성의 원시화를 재생시켜 어머니의 품과 같은 푸근함을 주고 있었다.

우리에게는 언제 누가 세웠는지 전혀 알 수 없는 한 가지 법칙 아닌 법칙이 있다. 고기를 잡는 데는 구름 낀 날씨가 가장 좋고 가랑비가 내리면 고기 입질이 더 좋아진다는 사실이다. 마치 마법에 걸린 사람처럼 이 공동의 법칙은 임기의 낙동강 상류까지 우리의 발걸음을 옮겨 놓게 했다. 배낭과 텐트 그리고 대나무 낚싯대를 준비하여 강으로 발걸음을 옮길 때는 무언가 희망과 야망으로 가득 찬 탐험가처럼 우리는 우리 키보다도 훨씬 큰 갈대숲을 헤치고 모든 세상의 번뇌를 담고 있는 듯 유유히 흐르는 강물 속으로 인생의 낚싯대를 던졌다. 모든 세상일이 그러하듯이 사람이 하는 일이 뜻대로 되는 경우가 거의 없다. 마치 이를 확인이라도 시켜 주려는 듯 그 강물은 철저히 우리의 바늘을 외면하여 빗줄기 속에 희미하게 깜박이는 램프만큼이나 밤낚시를 외롭고 쓸쓸하게 만들었다. 가을밤 찬 공기를 가르며 강을 산산조각 내는 물방울이 유독 크게 보이고 깨어지는 방울 수는 하나둘을 헤아릴 수 있었다. 그날의 부진은 목이 좋지 않기 때문이라는 확신으로 우리는 계속 하류 쪽으로 걸음을 옮겼다. 처음 우리가 낚싯대를 던졌던 곳은 마을에서 그리 멀지 않은 아래 지역이기 때문이었다. 그래서 고기의 입질이 적었다고 판단했다. 그렇게 우리는 쏟아지는 빗속을 우의를 걸치고 젖을 대로 젖어 버린 텐트를 추슬러 출렁이는 갈대숲을 지나고 칼날처럼 날카로운 바위와 돌조각이 산처럼 쌓여 있는 돌산을 지나 좀 더 인적이 드문 강가에 자리를 잡았다. 거의 반나절을 걸어서 내려왔기 때문에 주위에 인가라고는 전혀 없었다. 오직 소나무, 전나무가 칡덩굴과 뒤엉켜 음침할 정도로 우거진 숲만 있었다. 우리는 탁하게 변한 강물을 앞에 두고 여장을 풀었다.

이렇게 하여 드리워진 낚싯바늘에는 의외로 고기의 입질이 좋았다. 은어, 피라미, 갈겨니 등 크고 작은 물고기들이 낚싯줄 끝에 매달려 올라왔다. 낚싯줄을 던지자마자 바로 줄을 끌어 올려야 하는 몸짓의 연속이었다. 연속된 사냥으로 우리는 수학여행을 온 학생과 같은 흥분을 낚싯대로 강물에 전달했다. 빽빽이 우거진 숲과 유유히 흐르는 강물 위에 쏟아지는 비는 오랜 객지 생활 끝에 고향으로 돌아가는 나그네의 그을린 얼굴에 떨어지는 고향의 사투리와 같았다. 산속의 적막감은 힘찬 교향곡의 인터미션 같은 아늑함을 주었다. 빗물을 국물로 삼아 끓인 매운탕은 고기맛이 아니라 자연의 상큼한 맛이었으며 축축이 젖어 버린 텐트 바닥은 따뜻한 온기가 넘치는 시골 사랑방 구들목보다 더 진한다정함을 주었다. 시커멓게 변해 버린 강물이 청명한 가을 노을에 낀 양떼구름보다 더 아름다워 보였다. 물에 젖어 엉클어진 우리는 진짜 자연 속의 존재하는 인간, 자연과 일체가 되는, 세상의 모든 물질이 온갖 사치로 여겨지고 각자 존재하는 생명체로서 가치를 발휘하고 있었다. 모두가 같은 인간임에, 같은 자연임에 숨결을 같이하는 순간들이었다. 소낙비가 쏟아지는 밤, 그 밤을 조그마한 텐트 속에서 깜박이는 램프를 사이에 두고 오고 가는 인생사들, 아주 하찮고 쓸데없는 그런 사건들이 곧 우리 모두의 이야기가 되고 우리 모두의 이야기는 곧 한 사람의 경험이 되었다. 우리는 텐트 위로 사정없이 내리치는 빗방울과 어디선가 들려오는 개구리, 맹꽁이 울음소리와 어우러져 그날 밤 개구리와 물과 함께 삼위일체가 되었다.

그렇게 지낸 이틀은 너무 아쉽게 지나가고 이제 집으로 되돌아가야 할 때가 되었다. 우리는 왔던 길을 되돌아 강을 거슬러 올라갔다. 그런데 무슨 오케아니스의 장난이던가. 처음 우리가 내려올 때 있었던 길이 이제는 불어 버린 강물로 물에 잠겨 버렸다. 애인과의 휴가 계획을 치밀하게 세운 군인이 돌연 비상사태로 휴가가 취소되었을 때 느끼는 감정보다 더 큰 낭패감이었다. 복잡

한 감정이 스펀지의 물처럼 스며들어 왔다. 방법은 단 하나. 강을 따라 계속 하류로 내려가다가 민가를 만나거나 마을로 통하는 길을 발견하는 요행에 기대는 수밖에 없었다. 그러나 하류로 내려가면 갈수록 더욱더 갈대숲은 농도를 더해 갔고 산은 음침한 기운을 심하게 발산했다. 그에 따라 근심도 커졌다. 한참 길을 헤치고 걸어가는 사이 어느덧 점심때를 넘겼다. 그때까지 쏟아지던 비가 거짓말처럼 그치고 꿀과 같은 바람이 불어왔다. 우리는 조금 남은 쌀로 밥을 지어 산에서 내려오는 물을 반찬 삼아 먹고 다시 길을 떠났다.

얼마 걷지 않아서 강 건너편에 집 한 채가 보였다. 그 옆에 큼직한 암소가 여물을 먹고 있었다. 집이 보이자 우리는 이제 되었다고 환호를 질렀다. 우리의 소리를 들었는지 암소도 크게 소리내 울었다. 아, 그런데 어떻게 강을 건너갈지 막막했다. 그림의 떡. 건너편은 약간의 밭이 있는 평지였지만 우리가 있는 오른쪽은 산세가 더욱더 가팔라져 갔다. 우리는 산세가 이처럼 계속 이어지면 계속 하류로 걷는 것도 무의미하다는 결론을 내렸다. 강을 건너기로 했다. 강에 빠질 경우를 대비하여 우리는 대나무 낚싯대를 서로 연결하여 붙잡고 건너가기로 했다. 대나무에서 절대로 손을 떼지 않기로 약속을 했는데 누구라도 한 명이 대나무를 놓으면 연결고리가 끊어져 모두 끝장이 날 수 있었다. 먼저 강바닥을 확인했다. 하지만 강바닥은 내린 비로 강물이 흙탕물로 변하여 깊이를 가늠할 수 없었다. 우리는 바닥을 전혀 확인할 수 없는 강을 어떻게 건널지 확신이라는 디딤돌을 먼저 두려움과 회의로 가득 찬 마음의 강에 놓아야 했다. 수영을 잘하지 못하는 친구들도 있어 걱정이 컸다. 강을 건너야 한다고 밀어붙이던 친구가 앞장서기로 하고 우리는 수심이 얕을 만한 곳을 물색했다. 강물은 어디서나 마찬가지로 물굽이 치는 곳이 가장 얕지만 물살이 센 편이다. 우리는 낚싯대를 서로 연결하여 머리 위로 올려 잡고 출발했다. 그 친구가 앞장을 서고 나머지는 뒤를 따랐다. '여기서 넘어지면 몸이 강을 따라 떠내려가서 며칠 후엔 안동댐에 도착하겠지' 하는 사념으로 강 중간쯤 건너고 있을 때 선두 친구가 발을 헛디뎌 물에 빠졌다. 마치 살쾡이가 앞발로 사냥감을 할퀴듯이 강물을 두 손으로 할퀴었으나 그는 곧 검은 강물 속으로 들어갔다. 어깨부터 머리까지 물속으로 빠졌다가 곧 다시 두 손이 물 위로 나오면서 허우적거렸다. 우리는 모두 낚싯대를 풀고 그 친구에게 내밀었으나 물살이 너무 세어 그는 잡지 못했다. 우리는 재빨리 강가로 되돌아 나왔다. 물에 빠진 친구는 수영을 잘하는 편이었다. 하지만 연신 팔을 휘저어 가면서 간신히 강 하류를 비스듬히 가로질러 강변에 도착했다. 워낙 물살이 세어 강을 타고 한참 아래로 내려갔기에 그가 우리 쪽으로 되돌아오는 데 시간이 걸렸다. 우리는 강변에 누워 하늘을 쳐다보면서 뛰는 가슴을 진정시키려고 호흡을 가다듬었다.

그런데 그때까지 전혀 개의치 않았던 하늘이 한눈에 들어왔다. 한겨울 휘몰아치는 세찬 바람에 이리저리 휘날리고 있는 장터의 수많은 휴지 조각처럼 검은 먹구름이 떼를 지어 강 위를 따라 낮게 깔리어 몰아치고 있었다. 지금 강을 건너지 않으면 큰일을 당하게 될 것 같은 불길한 예감이 들어 우리는 다시 한번 도강을 시도했다. 다행히 조금 전 미끄러워 넘어졌던 곳 외에는 강물이 그렇게 깊지 않았다. 마치 지뢰지대의 마지막 지역을 벗어나듯이 조심스럽게 그곳을 빠져나왔다. 맞은편 강가에 도착하자마자 모두 쓰러졌다. 극도로 긴장을 한 뒤에는 맥이 풀리면서 주일날 아침과 같이 마음이 고요해진다. 우리는 방금 지나온 유유히 흐르는 강물을 힘없이 내려다보고 있는데 물방울이 하나둘 떨어지기 시작하고 강 중간중간에 물고기가 폴짝폴짝 뛰어오르기 시작했다. 앞장섰던 친구도 강물을 내려다보고 있었다. 우리는 여전히 대나무 낚싯대를 쥔 채 한동안 흐르는 강물을 따라 시선을 흘려보냈다.

3부
한국의 롱이어비엔

9. 국립백두대간수목원 인연

2018년 5월 초 나는 가정의 달을 맞아 춘양에 갔다. 본가에 들르기 위해서였다. 특별히 할 일이 없었던 나는 부모님과 함께 국립백두대간수목원에 갔다. 수목원은 2016년 임시개장된 이래 고향을 방문할 때 시간이 나면 빠짐없이 들르는 곳이다. 수목원은 춘양역 근처에 있는 본가에서 차로 약 15분 걸리는 북쪽에 있는데, 가는 길 내내 운곡천을 왼쪽에 끼고 있어 서울에 사는 나에게는 시골 풍광도 덤으로 볼 수 있기 때문이다. 수목원은 춘양면 서벽리(현 춘양로)에 있는데 면적만 5179헥타르로서 우리나라뿐 아니라 아시아에서도 가장 넓다. 워낙 방대하여서 연로한 부모님은 주로 방문자센터에서 쉬시거나 전시관을 둘러

국립백두대간수목원

보시면서 소일하시곤 했다. 여느 때처럼 부모님과 함께 전시관을 둘러보는데 익숙한 이름이 눈에 들어왔다. 설파 안창수. 그가 여기에서 전시회를 하다니 믿어지지 않았다. 전시회는 '백두대간, 호랑이를 그리다 – 설파 안창수 동양화가 초대전'이라는 주제로 2018년 4월 4일부터 6월 3일까지 2층 특별전시관에서 열리고 있었다. 수목원에는 호랑이숲이 조성되어 있는데 이 전시회는 야생에서 생존적응을 위해 방사해 놓은 백두산 호랑이를 기념하는 의미를 담고 있었다. 호랑이는 범이라고도 불리는데 전통적으로 영웅의 보호자 의미를 갖고 있다. 경복궁 근정전

안창수 동양화가 초대전 포스터

이나 헌릉에 돌로 만든 범이 있는 것도 이런 의미이다. 또한 호랑이는 인간의 효행에 감동하여 인간을 돕거나 인간의 도움을 받으면 은혜를 갚는 동물로 묘사되는데, 아버지의 묘소에 성묘 가는 효자를 등에 실어 나르는 호랑이와 관련된 옛이야기들이 많다. 그래서 벽화, 동양화, 목각 민속공예품이나 심지어 산신도에도 호랑이가 등장한다. 호랑이 동양화 전시는 이런 점에서 수목원을 보호하고 수목원을 조성하는 데 공헌한 사람들에게 은혜를 갚는 상징적인 행사이기도 하다. 그런데 그 주인공이 안창수 화백임에 나는 놀랐던 것이다.

설파 안창수 화백은 내가 다니고 있던 한국수출입은행의 선배님이었다. 그는 나보다 나이가 18살이나 많은데 2003년 한국수출입은행을 정년퇴임하고 난 뒤 제2의 인생을 동양화가로 살면서 널리 이름이 알려진 분이다. 얼마 전에는 나에게 전화를 걸어 책 출판을 축하해 주시기도 하셨다. 내가 지난해 10월 『보이지 않는 돈』이라는 책을 냈는데 그 책을 구매한 지인이 책 저자가 한국수출입은행 출신이라고 하여 같은 은행에 다녔던 안창수 선배에게 알려 주었던 것이다. 안창수 화백은 백두대간수목원에서만 세 번의 전시회를 열었다고 한다. 이 초대 전시회에는 2015년 전일본수묵화수작전에서 외무대신상을 수상한 작품 〈포착(捕捉)〉이 전시되었다. 일반적으로 호랑이 그림은 옆으로 걷거나 포효하는 모습이 대부분인데 〈포착〉은 사냥감을 앞에 두고 사냥 전의 웅크린 정면의 모습이다. 사냥감을 앞에 둔 호랑이가 최고조로 집중한 눈과 웅크린 얼굴 근육의 모습은 표현

〈포착〉

다양한 자연 관련 컬렉션

하기 매우 까다롭다고 여겨지는데 그는 이 작품으로 일본에서 외무대신상을 수상했다. 안창수 화백은 동양화로만 중국임백년배 전국서화대전 1등상(2006), 전일본수묵화수작전 갤러리수작상(2011), 국제공모 전일전 전일전 준대상(2013)을 수상한 바 있다. 비단 안창수 화백만의 작품만이 아니다. 국립백두대간수목원 방문자센터 전시관에서는 대도시에서나 접할 수 있는 유명한 예술작품은 물론 다양한 자연 관련 컬렉션을 접할 수 있다.

정말로 세상이 참 좁다. 국립백두대간수목원과 관련해서만 봐도 안창수 화백만 인연이 있었던 것은 아니다. 수목원 선정은 그 과정에서 환경사회영향평가를 거쳐야 했는데 당시 환경사회영향평가를 담당했던 K대학교 김 모 교수(생물학 전공)도 나와 인연이 있었다. 김 교수는 내가 영국 런던에 근무할 때 알게 된 교수이다. 런던에서의 인연으로 2009년 귀국 후에도 서울에서 만나기도 했고 가족도 함께 식사하곤 했다. 그러던 어느 날, 모임에서 그는 경북 춘양에 다녀왔다고 했다. 당시까지만 해도 내가 춘양 출신이라는 것을 모르고 있었기에 김 교수는 별생각 없이 수목원 이야기를 꺼냈겠지만 수목원 이야기는 나에게 매우 흥분되는 일이었다. 춘양은 춘양목 집산지로 이름이 알려진 이래 별것 없는 깡촌 오지에 불과했기 때문이었다.

2008년 7월 봉화군 춘양에 내린 집중호우로 이 지역은 특별재난지역으로 지정되었고 애당리에 대책본부가 차려졌다. 당시 봉화군은 국무총리를 비롯하여 국회의원에게 정부의 재해복구 지원을 요청하는 한편, 국책사업 유치에 적극적으로 매달렸다. 시드볼트(Seed Vault)를 포함한 수목원을 유치하기 위해 봉화군수가 눈물로 호소했다. 산골에서 먹고살기 힘든 상황에 설상가상으로 자연재해까지 당했으니 봉화가 불쌍해 보였다고 한다. 하지만 수목원 조성의 적정성을 검토하기 위해서는 환경사회영향평가를 거쳐야 한다. 특히 시드볼트, 즉 국제종자저장고는 씨앗의 영구보존이 가능한 지역이어야 한다. 노르웨이 스발바르(Svalbard)에 이어 세계에서 두 번째로 만드는 시드볼트는 국제적으로 의미 있는 시설이므로 적정성 평가가 매우 중요하다. 환경사회영향평가에 통과하더라도 정부에서 각별히 신경 쓰지 않으면 성공을 장담하지 못하는 시설이다. 전문가의 의견이 유치를 좌우하는 상황에서 어려운 군민과 군수의 애절한 노력이 김교수 일행을 움직였다고 했다.

수목원이 있는 서벽은 자연환경이 뛰어나 고랭지 약초를 연구하는 봉화약초시험장과 같은 연구시설이 이미 있었다. 약초시험장은 외부인 투어가 가능했는데 나도 한번 참여한 적이 있다. 여러 고랭지 약초가 자라고 있는 시험재배장을 둘러본 뒤 시험장 박사에게 수목원 조성에 대해 의견을 물어보았다. 이름은 기억나지 않지만 약초시험장의 박사는 "춘양 서벽은 오염되지 않은 환경과 최적의 기후 조건을 갖추고 있어 약초와 산림 연구에 이보다 더 좋은 땅을 찾기 어렵다"라고 했다. 수목원이 들어서면서 약초시험장은 봉화군 봉성면으로 이전될 예정이었는데 그 연구원은 그곳을 떠나는 것이 못내 아쉽다고 했다.

시드볼트는 다른 접근이 필요한 분야이다. 김 교수에 의하면, 유치 지역이 『정감록』에서 언급한 십승지의 하나로서 자연재해는 물론 전쟁이 발발할 경우에도 피해를 보지 않을 지역이라는 점이 유치에 주효했다고 한다. 이런 과정에서 김 교수를 비롯한 전문가의 도움이 컸다. 더욱이 아무리 국책사업이라고 하더라도 사업비 전액이 국비로 조달되지 않는데 수목원 건설에 지방비를 최소화하는 방안을 찾아낸 것도 이들을 포함하여 다양한 사람의 도움이 있었기에 가능했다고 한다. 인구 3만여 명밖에 되지 않는 봉화군의 재정 상황을 고려할 수밖에 없었으리라 생각된다.

수목원 사업은 국토균형발전을 목적으로 2008년 9월에 시작되었지만 공사 착공과 완공, 운영 과정에서 많은 사람의 도움을 받은 것이다. 보이지 않는 곳에서 큰 힘이 되었기에 고향을 사랑하는 한 사람으로서 이들에게 감사할 따름이다. 그럼에도 불구하고 사업예산을 충분히 확보하지 못한 것이 완공(2015)이 늦어진 원인이었다고 전해지고, 정식 개장도 임시개장(2016) 2년 후인 2018년이 되어서야 이루어졌다. 어렵게 개장한 수목원은 앞으로도 봉화군, 정부와 방문자의 지속적인 관심과 지원이 필요하다. 특히 시드볼트는 주변의 지원과 관심이 없으면 지속 가능한 성장을 장담하기 어렵다.

10. 수목원

나는 수목원이나 식물원에 가는 것을 좋아한다. 백두대간수목원에도 가지만 다른 국내외 수목원과 식물원도 많이 방문했다. 일본 홋카이도대학식물원, 싱가포르식물원, 영국 윙크워스 수목원(Winkworth Arboretum) 등등 외국을 여행할 때 시간을 내어 들른 곳도 제법 된다. 우리나라에서는 국립수목원, 천리포수목원, 한택식물원, 여미지식물원을 비롯하여 규모가 작은 신구대식물원 같은 곳도 다녔다. 천리포수목원과 한택식물원은 1년에 한 번은 가는 곳이고 신구대식물원은 집에서 가깝기 때문에 종종 방문했다. 수목원이나 식물원은 항상 느끼지만 봄이 가장 아름답다.

백두대간수목원이 다른 수목원이나 식물원과 차이 나는 부분을 꼽자면 나는 단연 1순위로 숲길을 꼽는다. 숲길은 백두대간수목원 입구에서부터 연결된다. 명상숲길, 잣나무숲길, 돌틈생태숲길, 산림습원, 고산습원, 산수국숲길이 진입광장숲길에서 시작하여 호랑이숲까지 약 2킬로미터가량 연결되어 있고 수목원 안쪽에는 에코로드숲길도 마련되어 있다. 천리포수목원에 바닷가 전망길이 있다면 백두대간수목원에는 산림 숲길이 있

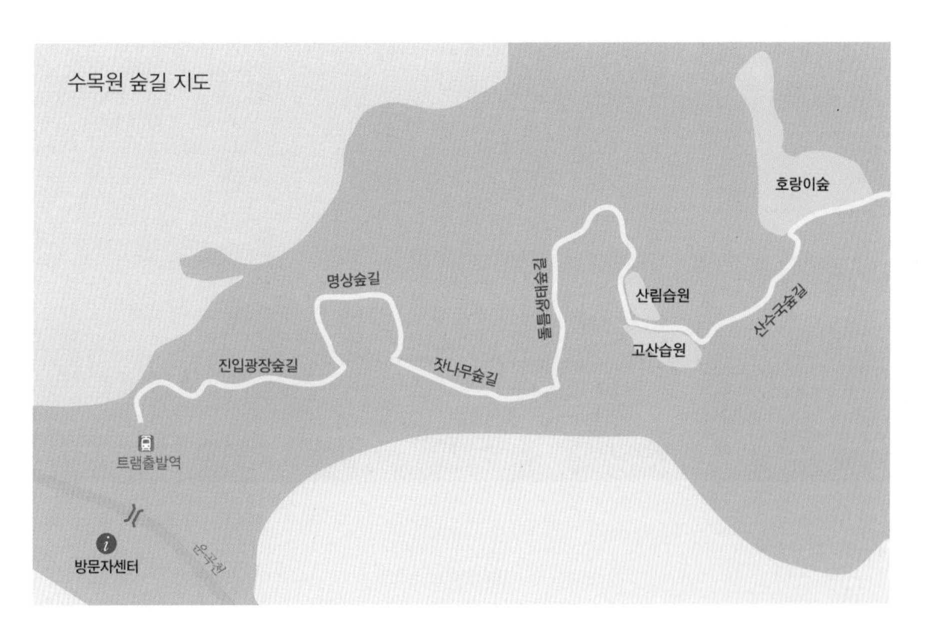

명상숲길

물오리나무 가득한 돌틈생태숲길

숲길에서 본 소나무숲

호랑이숲

다. 모든 길이 울창한 나무숲에 들어앉아 있어서 그늘 길을 따라 산림욕을 즐기는 기분으로 산책을 하면 좋다. 명상숲길은 소나무숲 속에서 온전히 자신만의 세계에 빠져들게 만드는 매력을 지닌 길이다. 자칫 한눈을 팔다가는 스쳐 지나가기 쉽다. 돌틈생태숲길은 계곡물을 따라 산속 깊이 들어선 숲정원을 둘러보는 산책로인데 통신마저 가끔 끊어지는 구간이므로 잠시나마 진정한 치유를 할 수 있는 구간이다.

그다음으로 백두대간수목원이 일반 수목원과 다른 점은 호랑이숲이 있다는 것이다. 이곳에는 한국호랑이가 네 마리 있다고 하는데 내가 방문했을 때에는 두 마리밖에 보이지 않았다. 최근 이날치가 노래한 〈범 내려온다〉로 호랑이에 대한 관심이 늘어나고 있는데 진짜 범이 내려와 숲에서 어슬렁거리는 모습을 볼 수 있다. 특히 호랑이숲은 어린이들이 좋아하는 단골 코스다. 이곳에는 용인에서 태어난 한국호랑이 남매가 유학을 올 예정이라고도 한다.

국내 자생식물을 테마로 한 꽃 축제인 '봉자 페스티벌'도 빼놓을 수 없다. 봉자는 봉화군과 자생식물을 혼합하여 만든 이름인데, 여름에 털부처꽃과 긴산꼬리풀을 야생화언덕에 집중적으로 심어 축제 때가 되면 핑크빛 풍경이 장관이다. 일본 홋카이도의 라벤더 축제보다 다소 부족할 수 있지만, 영국 요크셔의 히스(Heath) 자연 군락지처럼 우리나라 자생 꽃으로 아름다운 장관이 연출될 수 있다는 자부심을 갖게 한다. 이 축제는 여름과 가을에 개최된다.

수목원은 정원과 언덕으로 구성되어 있다. 겨울정원, 덩굴정원, 비비추원, 수련정원, 무지개정원, 장미정원, 약용식물원 등

털부처꽃과 긴산꼬리풀이 장관인 야생화언덕

이 입구에 있는 운곡천을 건너면 보인다. 수목원 안쪽에는 백두대간야생초화원, 백두대간자생식물원, 자작나무원, 암석원, 야생화언덕, 만병초원, 진달래원, 관상침엽수원, 단풍식물원, 사계원, 매화원, 돌담정원, 경관초지원, 무궁화원, 꽃나무원, 향기원 등이 개울과 연못을 품고 있다. 다양한 정원을 만들어 관람할 수 있도록 배치해 놓았다. 아울러 일반인에게 많이 알려지지 않은 시드볼트는 수목원 입구에서 가장 멀리 떨어진 안쪽에 자리 잡고 있다. 1987년 개장된 광릉의 국립수목원이나 이보다 앞선 1984년 개장된 국내 최대 사립식물원 한택식물원 등은 모두 수도권에 있고, 천리포수목원은 충청권에 있다. 경상북도 포항에도 수목원이 있지만 경상북도 북부권의 주민이 방문하기에는 접근성이 다소 떨어진다. 더구나 백두대간의 자생식물을 활용한 정원이나 약초원 그리고 축제는 좋은 볼거리를 제공한다.

앞서 수목원이나 식물원은 봄이 가장 아름답다고 했는데 백두대간수목원은 가을에도 좋다. 영국의 윙크워스수목원은 내셔널 트러스트(National Trust)가 관리하고 있는 유일한 수목원이다. 내셔널 트러스트는 1895년 설립된 시민환경운동단체로서 보존가치가 높은 자연자원과 문화자산을 시민 주도로 확보하여

수목원의 가을 풍경

영구히 보전·관리하는 일을 한다. 내셔널 트러스트가 관리하는 유일한 수목원 윙크워스의 가을은 단풍으로 매우 아름답다. 가을이 되면 백두대간수목원도 단풍으로 아름답지만 수목원을 오고 가는 길 자체가 단풍으로 물들기 때문에 이 또한 즐길 거리가 된다. 우리에게는 윙크워스가 사방에 있다.

11. 시드볼트

오래전부터 운곡천을 바라보는 한수정 건너편에는 씨앗을 파는 가게가 있었다. 친구의 집이기도 한 이 가게는 곡물 씨앗별로 진열된 나무 상자나 자루에서 씨앗을 되로 재어 팔았는데 진열 안 된 씨앗도 사람들이 요구하면 따로 보관된 창고에서 꺼내어 팔았다. 씨앗은 언제든지 구할 수 있었다. 하지만 언제부터인지 모르지만 이런 가게는 사라졌다. 씨앗은 종묘회사들이 일정량씩 포장된 봉지에 넣은 상태로 한두 가게에서 팔리고 있다. 그런데 시골 일부 집에서는 전통 씨앗을 대를 이어 보존하여 오고 있는 것 같다. 춘양성당 근처에는 오래전부터 어머니가 이용하는 지인의 집이 있다. 그 집은 자급 식량으로 쌀농사를 짓는 집이다. 춘양에서 가장 맛있는 쌀을 생산하는 집이라고 하는데 시골 갈 때마다 어머니는 그 집에 쌀이 있는지 알아보고 여유분을 구매하여 우리에게 주시곤 했다. 쌀 품종의 수는 전 세계적으로 20만 종 이상이라고 전문가들이 말한다. 그런데 이런 시골에서 사용되는 품종은 매우 제한적이다. 비전문가이기 때문에 정확히는 알 수 없으나 아마도 생산성 향상을 위해 통일벼와 같은 단일 품종 위주로 농사를 권유한 정부의 정책이 크게 영향을 미쳤을 것이다.

IMF 경제위기로 우리나라 종자회사가 외국 기업에 인수합병되기 시작하면서 우리나라 농업에는 글로벌 종자회사의 영향력이 커졌다. 국내 대표 종자회사로 알려졌던 중앙종묘, 서울종묘, 청원종묘 등이 모두 독일(바이엘), 중국(켐차이나), 일본(사카타)에 인수되었다. 현재 우리나라에는 약 2000개의 종자회사가 있는데 농우바이오와 팜한농을 제외하고는 대부분 영세한 규모이다. 단위 면적당 생산성을 높이기 위해서는 품종 개발에 투자가 필요한데 선택과 집중에 따라 종자 연구개발을 할 수밖에 없었을 것이다. 사과의 경우를 보면 단위 면적당 수확량이 많고 당도가 높은 품종이 개발되었다. 그것도 짧은 기간에 수확이 가능하다. 과거에는 4미터 폭에 3미터 간격으로 나무를 심었으나 새로운 품종은 3~4미터 폭에 1미터 간격에도 잘 자란다. 마치 고추를 재배하듯이 지지대를 설치하고 노끈으로 연결한다. 수확도 빠르면 재식 후 2년이 되는 해에 가능하다. 신품종의 당도는 다른 품종보다 높다. 게다가 정부의 농업 보조금도 이들 품종 위주로 지원하니 소수 품종 위주로 재배가 이루어지는 것은 어쩔 수 없는 현상일 것이다.

외국에서도 종자회사들은 생산성 제고에 힘을 쏟았고 그에 따라 작물을 대량생산할 수 있게 되었다. 하지만 이로 인해 작물의 다양성은 급감했는데 전 세계적으로 30개의 작물이 인류 식량의 95퍼센트를 점유하고 있는 상황이다. 『타임』의 제니퍼 더건(Jennifer Duggan) 기자에 따르면, 중국에서는 1950년대 사용된 쌀 종자의 10퍼센트만이 현재 사용되고 있고 미국에서는 1900년대 과일과 채소류 종자의 90퍼센트가 현재 사용되고 있지 않다고 한다. 자연상태에서 종자의 수명은 짧은데 세계 3대 곡물인 벼, 밀, 옥수수의 종자 수명도 길어야 3년에 불과하다. 사용하지 않으면 종자는 소멸한다. 게다가 생산도 단일 품종으로 이루어지고 있다. 단일 품종의 농업은 질병, 가뭄 등 재난 위협에 취약하다. 특히 현재 세계는 전례 없는 기후변화에 직면해 있다. 씨앗이 잘 자랄 수 있는 안정적인 농지, 수확량 증진을 위한 씨앗 개발과 같은 인간의 활동은 야생 종자에 위협이 되고 있다. 일반 종자는 가뭄과 홍수에 강하고 고온과 열악한 토양에도 강한 야생 종자보다 기후변화에 취약할 수밖에 없다. 즉 저항력과 적응력이 떨어진다.

영국의 큐 왕립식물원(Kew Royal Botanic Gardens)에 의하면 기후변화로 전 세계 식물 종의 약 40퍼센트가 멸종위기에 있다고 하는데 식물 다양성을 확보하면 유전자 분석을 통해 위기를 극복할 수 있다. 그렇게 농부나 연구기관 등의 주도로 미래에 발생할지 모르는 도전에 대응하기 위하여 탄생한 것이 유전자은행이다. 유전자은행은 전 세계적으로 약 1750개가 있는데 우리나라도 1987년 설립된 농촌진흥청 국립농업과학원 산하 농업유전자원센터가 유전자은행이다. 그런데 유전자은행이 보유하고 있는 종자가 천재지변 등으로 유실된다면 지구상의 그 종자는 영구히 사라지고 만다. 이러한 소멸 위험으로부터 씨앗을 안전하게 영구보전하는 소위 백업시스템이 시드볼트이다. 다시 정리하면 농부나 연구기관 등은 종자를 유전자은행에 보관하고

백두대간 글로벌 시드볼트 간접체험관에 전시된, 현미경으로 확대한 종자

유전자은행은 그 종자를 두 개의 표본으로 만들어 한 표본은 자체 보관하고 다른 표본은 시드볼트에 보내어 영구보관한다.

시드볼트는 말 그대로 종자저장고이다. 현재 노르웨이 스발바르 국제종자저장고(Svalbard Global Seed Vault)가 전 세계 최초로 운영 중인 종자저장고이고, 백두대간수목원 시드볼트가 두 번째이다. 백두대간수목원 시드볼트는 백두대간 글로벌 시드볼트(Baekdudaegan Global Seed Vault)라 부르는데 스발바르 국제종자저장고가 작물 종자를 보관하는 곳이라면, 백두대간 글로벌 시드볼트는 야생식물 종자를 영구보관하는 곳이다. 스발바르 국제종자저장고에는 2019년 현재 96만 2186종의 종자가 보관되어 있다. 백두대간 글로벌 시드볼트와 유사한 야생식물 종자를 영구보관하는 기관이 있다. 시드볼트는 아니지만 종자은행으로는 영국의 큐밀레니엄종자은행(Kew's Millennium Seed Bank)이 있다. 큐밀레니엄종자은행은 세계 최대 야생식물 백업시스템을 갖추고 있는데 2020년 현재 190개국 3만 9681종, 24억 씨앗을 보관하고 있다.

야생식물과 달리 스발바르 국제종자저장고는 '노아의 방주'라는 별칭이 암시하듯이 작물 씨앗의 백업시스템으로서 인류의 미래가 달려 있기 때문에 사건과 재난으로부터 안전한 곳에 설치되어 있다. 그리고 영구적으로 씨앗을 보관해야 하기 때문에 영구적으로 유지관리할 수 있는 재정적인 안정성도 보장되어야 한다. 지리적 안전성과 유지관리의 영속성이 필요하다. 스발

백두대간 글로벌 시드볼트

바르 국제종자저장고가 노아의 방주인 것처럼 백두대간 글로벌 시드볼트도 야생식물에 대한 노아의 방주 역할을 한다.

백두대간 글로벌 시드볼트는 산림 파괴와 기후변화로 인한 생물 다양성 감소에 대응하기 위해 기후협약과 생물다양성협약 등에 기초한 국제사회의 협력 촉구에 부응하고, 산림 복원을 위해 중요한 자원인 종자를 영구보전한다는 설립목적을 갖고 탄생했다. 야생식물 종자를 영구보전하는 저장시설로는 백두대간 글로벌 시드볼트가 세계 최초인데 생물 다양성 보전을 위한 국제적 역할을 충실히 수행할 예정이라고 한다. 이제는 전 지구적 재난이 일어나게 된다고 해도 백두대간 글로벌 시드볼트에 저장되어 있는 종자로 다시 지구를 푸르게 만들 수 있게 되었다. 시드볼트의 설립목적에 글로벌, 즉 국제적인 종자저장고 역할을 한다고 명시되어 있으니 오지의 춘양이 외국에 노출되는 날이 멀지 않았으리라 생각한다.

12. 한국의 롱이어비엔

시드볼트가 있는 지역은 운곡천 발원지에 가까운 지역으로 오지 중의 오지로 꼽힌다. 앞서 언급한 대로 이곳은 『정감록』에 나오는 천하 십승지 중 제일의 명당으로서 피난과 보관의 역사로 채워져 있다고 해도 과언이 아니다.

춘양은 유성룡의 형 유운룡이 임진왜란이 일어났을 때 노모를 포함한 일가 100여 명을 안전하게 피신시켰던 지역이다. 도체찰사(국가비상사태 총사령관)였던 유성룡의 가족을 해치려는 왜군의 계획은 어쩌면 당연한 것이었을지 모른다. 이런 움직임을 간파한 유성룡이 형을 통해 일가의 안전을 도모한 것이다. 이들이 왜군을 피해 도피한 곳이 춘양 땅 도심리였다. 도심리는 시드보트 인접 지역이다. 좌우로 해발 1200미터의 산을 두고 있는 지역으로 송강 정철의 손자 정양도 병자호란을 피해 피신 온 지역이다. 김진우(1628~1707)가 쓰고 청량산박물관이 엮어 옮긴 『국역 춘양지(春陽志)』에 의하면 도심리에는 예로부터 어려움과 부역을 피해 도주한 무리가 많았다고 한다. 산과 물은 날 듯이 달아나서 사람이 대대로 살아가기 힘들 정도의 황무지였다. 이런 지역에 유성룡 일가가 피신을 왔던 것이다. 왜군들이 진격하여 유성룡 일가를 잡으려 했으나 춘양 진입 구간인 살피재에서 의병 600명에 의해 막혔다. 유종개가 이끄는 의병은 모두 전사할 정도로 장렬히 싸웠다. 왜군은 의병을 전멸시켰으나 더 이상 깊은 도심리에 진입하지 않고 후퇴하여 유성룡 일가는 안전하게 피신할 수 있었다.

『국역 춘양지』

병자호란의 치욕을 견디지 못한 강흡, 강각 형제가 파주에서 피신해 온 지역이 또한 봉화이다. 운곡천을 따라 춘양 아래에 있는 마을인 법전에 정착했는데 이들은 진주 강씨이나 법전 강

씨로도 불린다. 조선 중기의 영의정을 지낸 홍언필의 현손인 홍석도 난을 피해 운곡천 변 춘양면 소로리에 은거했다. 서울뿐 아니라 인근 지역에서도 난이나 당파싸움을 피해 선비들이 숨어들어 온 곳이 이곳이다. 그러나 춘양이 안전한 지역으로 널리 알려지게 된 배경은 『조선왕조실록』의 보존에 있다.

백두대간 글로벌 시드볼트가 자리 잡은 곳은 1606년(선조 39)부터 보관되었던 『조선왕조실록』 사고(史庫)가 있었던 지역이다. 사고란 실록을 보관하던 창고를 말한다. 1997년에는 훈민정음과 함께 유네스코 세계기록유산으로 등록된 『조선왕조실록』이 온전히 보존될 수 있었던 것은 외풍과 재난에 안전했던 태백산사고가 있었기 때문이었다.

『조선왕조실록』은 조선 시대의 사회, 경제, 문화, 정치 등 다방면에 걸쳐 일어난 일을 각 왕별로 기록한 책이다. 이 실록의 편찬 자료 중 하나인 사초(사관이 왕 재임 중 기록한 자료)는 왕이라 해도 함부로 열어 볼 수 없도록 비밀을 엄격히 보장했다. 또한 완성된 실록은 일찍부터 만일에 대비하여 여러 질을 만들어 각지에 보관했다. 조선 전기에는 서울의 춘추관을 비롯하여 충주·전주·성주에 각각 1질씩 보관하였는데 임진왜란으로 전주

현재는 터만 남아 있는 태백산사고의 옛 모습

사고에 보관한 것만 빼고 나머지는 모두 불에 타 버렸다. 이에 선조는 전주사고본을 토대로 4질을 더 만들어 봉화 태백산, 강화 마니산(병자호란과 화재로 1660년 강화 정족산으로 이전), 영변 묘향산(후금의 침입에 대비하여 무주 적상산으로 이전), 강릉 오대산에 사고를 짓고 보관하게 했다.

태백산사고지는 1606년에 완성되어 1913년까지 실록이 보관되어 있었다. 도난과 멸실로 훼손된 다른 사고본에 비해 온전

경체정 / 각화사

히 보전된 태백산사고본은 한국사의 기본 자료가 되었다. 천하 십승지에서 여기를 제일로 여긴 것은 우연이 아니다. 조정에서는 3년마다 춘추관의 당상관(관서의 장관을 맡을 자격을 지닌 품계에 오른 고급관리)과 낭관(실무책임자)을 보내어 책의 부식과 충해를 방지시키는 한편 종부시(宗簿寺, 왕실의 계보인 왕실 족보의 편찬과 종실의 잘못을 규탄하는 임무를 관장하기 위하여 설치하였던 관서)의 당상관과 낭관은 실록을 받들고 춘양으로 왔다. 추사 김정희도 태백산사고지에 시찰 왔다고 한다. 그는 법전 강 씨 집성촌 고택에 주로 머물렀다고 전해지는데 훗날 법전에 있는 경체정(景棣亭)에 현판도 썼다. 사고지 바로 아래에는 676년(신라 문무왕 16)에 지은 각화사(覺華寺)라는 절이 있는데 800여 명의 승려가 수도하면서 『조선왕조실록』을 수호했다. 서울에서 거리는 멀었지만 태백산사고지는 역사적으로 왕실의 중요한 보물을 온전히 보관한 장소였다. 우리나라에서 이보다 더 안전한 지역을 찾기 어려울 것이다.

백두대간 글로벌 시드볼트는 운곡천 발원지 해발고도 600미터, 연평균기온 9.9도의 지역에 설치되어 있다. 시드볼트는 지하 46미터에 지하터널형으로 설계하여 외부환경에 영향을 적게 받고 지진 규모 6.9에도 견딜 수 있도록 내진설계로 건축되었다. 종자는 연중 영하 20도의 항온 항습 냉방시스템이 갖추어진 지하시설에 보관된다. 세계에서 가장 안전한 국가보안시설로 지정되어 현재 관리되고 있다.

반면에 노르웨이 스발바르 국제종자저장고는 북극점에서 1300킬로미터 떨어진 스발바르제도 스피츠베르겐섬에 있는데 전체의 60퍼센트가 빙하이다. 스발바르 국제종자저장고도 지진 규모 6.2에 견딜 수 있는 내진설계를 했고 해수면에서는 130미터 위에 있다. 저장고는 신진대사 활동을 낮추고 씨앗의 노화를 늦추는 데 적절한 온도, 영하 18도로 항상 유지된다.

시드볼트는 종자에 대한 보관장소를 제공할 뿐 소유권은 기탁자에게 있고 종자 상태관리와 종자의 인출권도 기탁자에게 전적으로 있다. 종자 인출은 거의 발생하지 않는데 시드볼트가 활용된 사례가 한 건 있었다. 2012년 시리아 내전이 있었을 때 시리아에 있는 유전자은행 국제건조지역농업연구센터의 요청으로 국제종자저장고는 씨앗을 반출했다. 내전이 발생하면서 유전자은행이 반군에 점령을 당하여 씨앗에 접근할 수 없게 되었다. 유전자은행은 백업시스템인 스발바르 국제종자저장고에 요청하여 씨앗을 반출하여 활용했던 것이다. 백두대간 글로벌 시드볼트도 같은 방식으로 관리, 위탁, 인출되므로 많은 점에서 스발바르 국제종자저장고와 유사하다.

다른 점이 있다면 설립배경과 예산문제이다. 스발바르 국제종자저장고는 세계은행이 저개발국 식량안보를 위해 만든 국제농업개발연구자문기구의 요청에 따라 노르웨이 정부가 종자저장고를 건설한 것이다. 2006년 종자저장고 건축 초석도 노르웨이, 스웨덴, 핀란드, 덴마크, 아이슬란드의 수상들이 함께 놓았을 정도로 처음부터 스발바르 국제종자저장고는 국제협력을 기초로 운영하고 있다. 우리와 다른 점이다.

캐리 파울러(Cary Fowler)가 쓴 『세계의 끝 씨앗 창고: 스발바르 국제종자저장고 이야기』에 의하면 국제종자저장고를 스발바르에 설치하는 데 무엇보다 중요했던 점은 노르웨이 정부의 평판이었다고 한다. 노르웨이 정부는 환경문제에 있어서 늘 선도적인 역할을 해 왔고, 세계에서 가장 후한 대외원조국 중의 하나였다. 또한 작물다양성의 재산권과 접근성과 관련한 쟁점을 놓고 선진국과 개발도상국이 오랫동안 갈등을 빚었는데 이 논의에서 노르웨이가 가장 정직하고 공정한 참여자로서 평판을

이어 왔다. 노르웨이는 국제시설을 유치하는 데 이해 상충 요소가 없는 국가였다. 우리나라도 인천 송도에 환경 관련 국제기구인 녹색기후기금을 유치했고 환경문제를 국가 정책의 최우선 순위로 고려하고 있다. 우리나라는 원조를 받는 나라에서 원조를 주는 나라로 성장한 전 세계에서 유일한 나라이다. 우리나라의 대외원조는 한국수출입은행이 수탁하고 있는 대외경제협력기금과 한국국제협력단 등을 통해 이루어지고 있다. 하지만 OECD에서 발표한 지원규모(2018년 공적개발원조 기준)를 보면 우리나라 지원액은 24억 달러로서 국민총생산(GNI)의 0.14퍼센트 수준으로 노르웨이(43억 달러, 0.94퍼센트)는 물론 OECD 평균(52억 달러, 0.30퍼센트)에도 미치지 못하고 있다. 스발바르 국제종자저장고가 있는 노르웨이와 비교할 때 국제협력을 끌어내기 위해서는 평판의 차이를 극복해야 하는 과제가 있는 것으로 보인다. 비용 측면에서도 노르웨이 정부는 저장고 건축비용은 부담했지만 운영비용은 거의 부담하지 않는다. 영구보전을 목적으로 한 시설운영은 안정적인 예산 확보가 매우 중요하다. 세계작물다양성재단(Global Crop Diversity Trust)에 의하면 실제로 국제적인 유전자은행들은 예산문제로 폐쇄될 위기를 겪었다고 한다. 노르웨이는 부국이지만 전력공급이 끊기지 않게 하고 종자 '영구' 보전 약속을 지키기 위해 다양하고 안정적인 자금 마련책이 필요했다. 이를 위해 2004년 세계작물다양성재단이 설치되었다. 유엔 산하 비영리기구인 세계작물다양성재단이 부담하는 운영비용은 사실상 세계 각국 정부와 빌 게이츠 부부의 기부 등과 같은 기부금으로 조성한 기부 펀드(Endowment Fund, 2019년 현재 3억 달러 조성)에서 나온다. 그래서 스발바르 국제종자저장고는 노르웨이 정부, 북유럽유전자원센터(Nordic Genetic Resource Center), 세계작물다양성재단 삼자 간 협약의 체결로 발족했는데, 운영관리는 북유럽유전자원센터가 맡되 운영자금(연간 약 3억 원)은 재단에서 부담한다.

백두대간 글로벌 시드볼트는 2019년 6월 3일에 북유럽유전자원센터와 산림협약을 체결한 바 있지만 작물다양성 목적의 재정지원기구와는 성격이 달라서인지 모르지만 재단과는 협약 체결도 없고 지원이 없는 것 같다. 우리는 정부예산으로 운영비용을 부담하고 있다. 세계작물다양성재단은 기부로 운영되기 때문에 정부뿐 아니라 개인, 기업, 단체의 협력이 그 무엇보다 중요하다고 언급하고 있다. 17년간의 경험을 바탕으로 이 재단은 시드볼트가 성공하기 위해서는 전 세계 많은 사람의 관심과 지원이 필요하다고 말하고 있다. 전 세계 1750개 유전자은행으로부터 받은 96만 2186종을 보관하고 있는 스발바르 국제종자저장고, 190개국 3만 9681종 24억 개 야생식물 씨앗을 보관하고 있는 큐밀레니엄종자은행에 비해서는 부족하지만, 4084종의 9만 2681개의 야생식물 씨앗을 보관하고 있는 백두대간 글로벌 시드볼트는 2020년 6월 기준으로 총 64개 기관과 산림협력을 체결하였고 이 중 15개는 국외기관과의 산림협력이다. 세계작물다양성재단이 '시드볼트의 성공요인은 많은 사람의 관심'이라고 한 점은 우리에게 시사하는 바가 크다. 기후변화에 대응하고 야생식물 다양성을 유지하려는 원대한 꿈을 춘양 주민들이 먼저 나누면 좋겠다. 12년 전 시드볼트를 유치하기 위해 간절했던 봉화군민의 마음을 생각하면 당연한 것이겠지만.

산으로 둘러싸인 물리적인 조건은 스발바르 국제종자저장고나 백두대간 글로벌 시드볼트나 유사하다. 위치 차이로 인해 기후가 다르다. 노르웨이 스발바르의 주민은 약 2600명밖에 안 된다. 춘양면 인구 4433명보다 적다. 하지만 스피츠베르겐섬에 있는 롱이어비엔(Longyearbyen) 마을은 전 세계에 '노아의 방주'로 알려졌다. 1만 3000년의 농업 역사가 이곳에 보관되어 있기 때문이다. 조그마한 롱이어비엔 마을에는 전 세계 53개국에서 온 학생과 학자들이 거주하고 있으며 국제회의도 열린다. 빙하에 싸인 오지의 마을이 종자로 전 세계와 통했다. 마찬가지로 오지의 춘양이 안 되는 것을 강제로 되게 하는 '억지' 춘양을 벗어나 야생식물 종자의 롱이어비엔, 또는 '노아의 방주' 마을이 된다면 더 어울리지 않을까. 산타가 어울릴 것 같지 않던 봉화군 분천에 산타 마을이 들어서 전국적인 관심을 끌었듯이 시드볼트 마을로 봉화군 춘양이 널리 알려지길 희망해 본다. 우리나라만이 아니라 전 세계로.

4부
길

13. 춘양목솔향기길

외씨버선길은 우리나라의 대표적 청정 지역인 청송, 영양, 봉화, 영월 4개 군을 연결하는 244킬로미터의 문화생태탐방길로서 13개 구간으로 구성되어 있다. 그중 분천역에서 시작하는 보부상길을 시작으로 약수탕길까지 봉화에 속해 있다. 내 고향 춘양을 가로지르는 길은 9길인 춘양목솔향기길이다. 외씨버선길을 소개하는 자료에 의하면 4개 군을 연결하는 길을 합치면 조지훈 시인의 시 「승무」에 나오는 외씨버선과 같다 하여 외씨버선길로 불리게 되었다고 한다. 청송 사과, 영양 고추, 봉화 송이, 영월은 동강과 김삿갓 등의 특징적인 모습을 담도록 길이 설계되었다.

춘양목솔향기길은 춘양면사무소에서 국립백두대간수목원까지 19.7킬로미터에 이르는 탐방로이다. 이 길은 솔 향기뿐 아니라 사과나무꽃, 야생식물의 꽃향기를 맡고 경관을 감상할 수 있는 탐방로이다. 길은 춘양면사무소에서 출발하는데 곧이어 춘양장터가 보인다. 춘양에는 4일과 9일 오일장이 서는데 예전만큼은 못하지만 장날에는 사람들로 붐빈다. 춘양장터를 가로질러 실개천에 놓인 다리를 지나 오른편에 보이는 첫 번째 건물이 춘양초등학교이다. 춘양초등학교는 봉화군에서 가장 오래된 학교이다. 1910년 사립광성학교로 설립된 춘양초등학교는 1912년 봉화공립보통학교가 되었다가 다시 춘양공립보통학교로 개

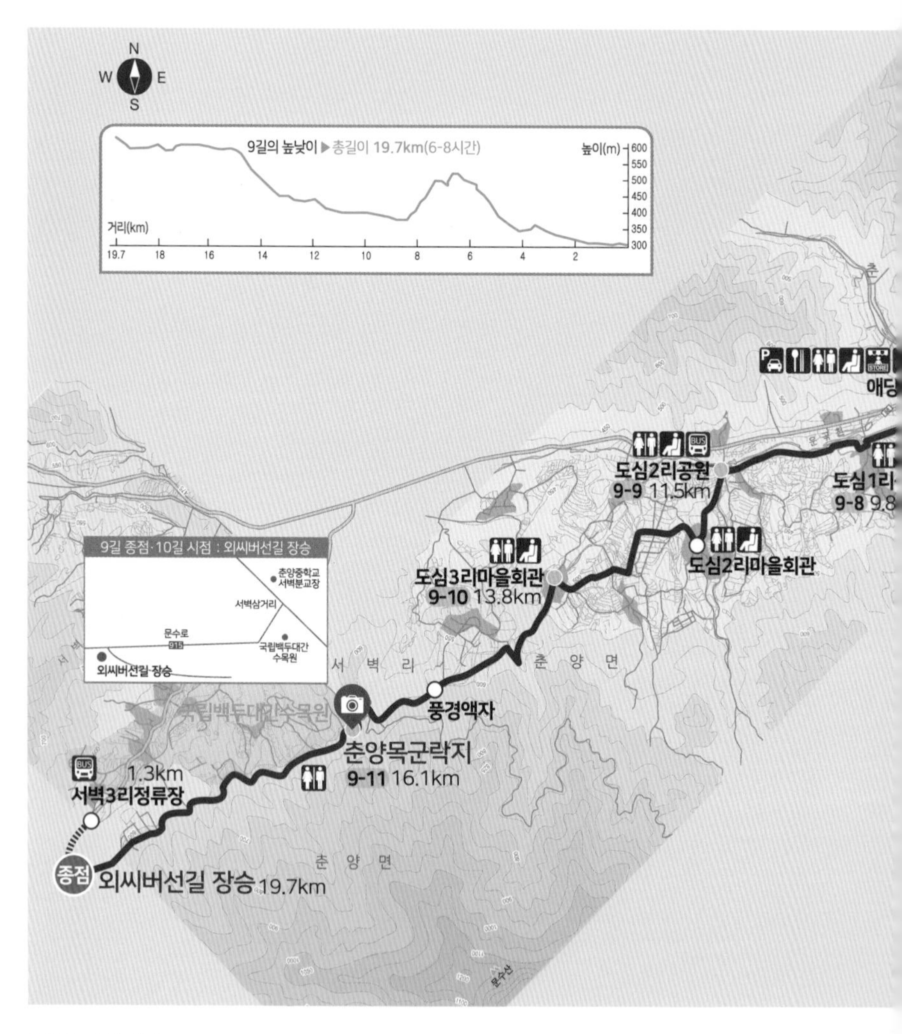
N
W
E
S
9길의 높낮이 ▶ 총길이 19.7km(6-8시간)
높이(m)
거리(km)
9길 종점·10길 시점 : 외씨버선길 장승
춘양중학교 서벽분교장
서벽삼거리
문수로
915
국립백두대간 수목원
외씨버선길·장승
애당
도심2리공원
9-9 11.5km
도심1리
9-8 9.8
도심2리마을회관
도심3리마을회관
9-10 13.8km
서 벽 리
춘 양 면
풍경액자
국립백두대간수목원
춘양목군락지
9-11 16.1km
1.3km
서벽3리정류장
종점
외씨버선길 장승 19.7km
춘 양 면
문수산

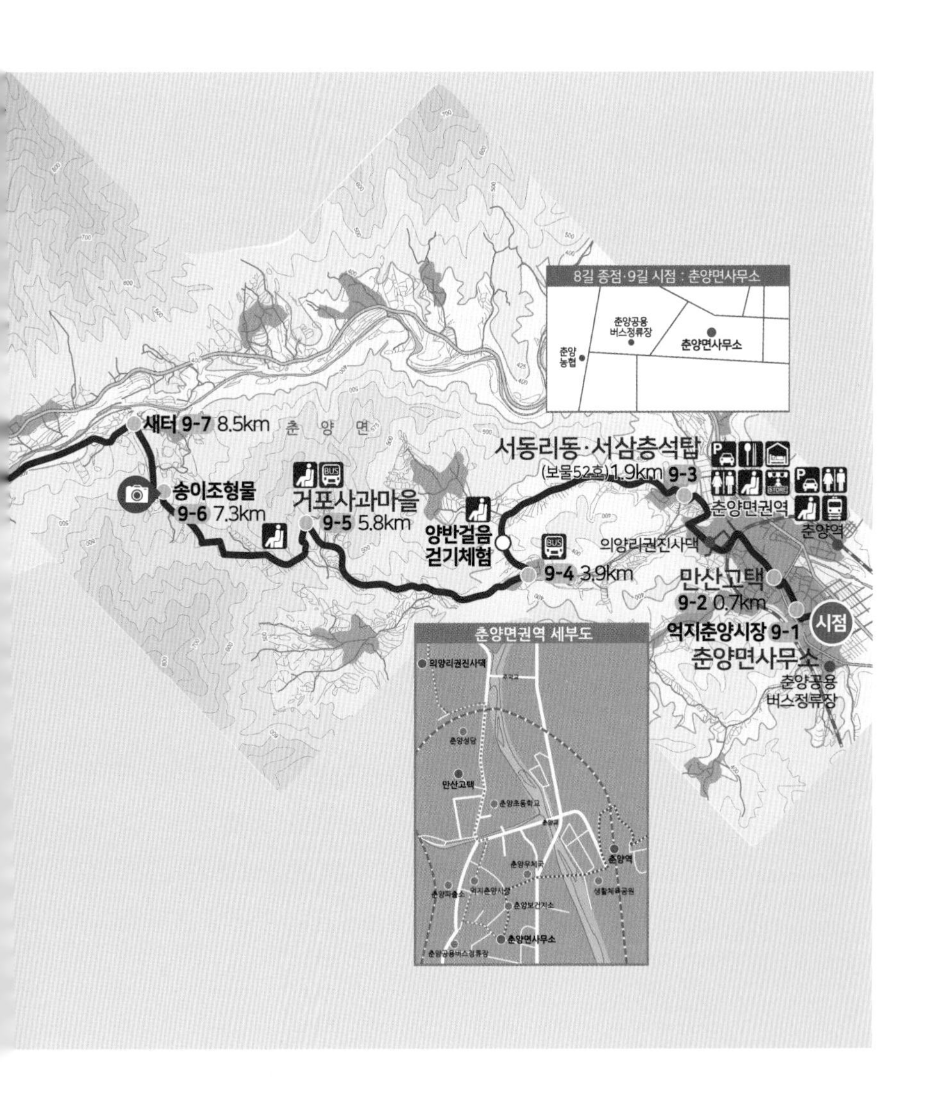

새터 9-7 8.5km
춘 양 면
송이조형물
9-6 7.3km
거포사과마을
9-5 5.8km
양반걸음
걷기체험
9-4 3.9km
서동리동·서삼층석탑
(보물52호) 1.9km 9-3
의양리권진사댁
만산고택
9-2 0.7km
억지춘양시장 9-1
시점
춘양면사무소
춘양면권역
춘양역
춘양공용
버스정류장
8길 종점·9길 시점 : 춘양면사무소
춘양공용
버스정류장
춘양면사무소
춘양
농협
춘양면권역 세부도
의양리권진사댁
춘양성당
만산고택
춘양초등학교
춘양역
춘양우체국
춘양파출소
억지춘양시장
생활체육공원
춘양보건지소
춘양면사무소
춘양공용버스정류장

춘양초등학교 교정의 느티나무

칭되었다. 일제강점기에는 매년 학생 한 명을 선발하여 일본에 유학을 보내던 학교였다. 이는 일제의 황국신민화정책의 일환이었지만 선택을 받았어도 일본에 가지 않은 학생이 많았다. 내가 학교에 다닌 1970년대에는 한 학년이 4개 반, 한 반이 60명 이상의 학생들로 빼곡히 들어찬 학교였다. 지금은 전 학년 학생 수가 97명에 불과하다. 조선 시대 봉화현 관아가 있었는데 춘양초등학교는 현청 자리였다. 세월이 흐르면서 개천을 따라 일렬로 나란했던 건물은 철거되고 새로 지은 건물이 그 앞을 차지했다. 운동장은 예나 지금이나 비슷하다. 큰비로 운곡천이 넘칠 지경이 되면 거의 여지없이 운동장 제방이 무너졌다. 물길이 반대편 민가로 덮치는 충격을 어느 정도 완충하는 역할을 했다. 세월이 지나도 변치 않는 것은 학교 본관과 운동장 사이에 있는 느티나무이다. 6·25전쟁 때 피난 왔던 사람들이 다시 찾아본 춘양초등학교를 기억하면서 쓴 글에도 고목 느티나무만 여전하다고 했을 정도이다.

길을 떠나면 만산고택과 의양리 권진사댁이 보인다. 만산고택은 중추관 의관을 지낸 만산(晩山) 강용이 1878년에 지은 사대부 가옥이다. 솟을대문을 들어서면 넓은 마당 건너편 처마에

만산 현판 / 한묵청연 현판

만산고택에서 가장 아름다운 칠류헌

만산 현판이 보인다. 만산은 대기만성의 큰 인물이라는 뜻으로 흥선대원군이 작호하고 써 준 글이다. 옆 건물은 서실(書室)과 한묵청연(翰墨淸緣)이라는 현판이 붙어 있다. 한묵청연은 문필로 맺은 맑고 깨끗한 인연이라는 의미로 고종의 일곱째 아들 영친왕이 8세 때 쓴 글이다. 별당이자 고택 민박으로 이용하는 칠류헌(七柳軒)은 만산고택에서 가장 아름다운 건물로 평가되고 있다. 일곱 그루의 버드나무가 있는 집이라는 의미의 칠류헌은 중국 송대의 시인 도연명을 흠모해 쓴 현판으로, 독립운동가 오세창이 썼다.

나는 중학교 2학년 때 용돈을 벌기 위해 잠깐 신문을 돌렸는데 춘양에서 유일하게 영자 신문을 넣어 준 곳이 만산고택이었다. 당시 새벽 4시가 되면 청량리에서 출발한 기차가 춘양역에 도착했다. 지금은 사라졌지만 화물 플랫폼이 따로 역사 옆에 있었는데 신문이 매일 그곳에 도착했다. 그러면 나는 신문을 자전거에 싣고 구독하는 집에 던져 넣어 주었다. 그런데 영자 일간신문 『코리아타임스』는 일주일에 한 번 도착했다. 일주일 치가 묶음으로 도착했는데 이를 그대로 만산고택에 넣어 주곤 했다. 시골에서 영자 신문을 보는 것도 신기했지만 이를 구독한 사람이 궁금했는데 소문에는 영어 선생님이 보신다고 했는데 확실치는 않았다. 하여간 만산고택에는 영어 신문을 읽는 지식인이 있었다. 만산고택 뒷길의 오래된 가옥이 있었던 자리에는 한옥이 새로 건축되었다. 한옥은 인기가 많으므로 좋은 관광시설이 될 것으로 보인다.

철길을 건너 길을 따라가면 왼편에 낙천당마을이 나온다. 낙천당마을에 들어서면 정면에 보이는 정자가 태고정(太古亭)인데 만산 강용이 을사늑약 후 귀향하여 지은 정자이다. 이 마을은 안동 김씨 정자 낙천당(樂天堂)이 있는 데서 이름을 따온 마을인데 그 앞이 춘양목 묘목을 생산하는 종묘장이다. 여기서 생산된 춘양목 묘목은 전국 각지로 보내어진다. 길 끝에 의양리 권진사댁이 자리 잡고 있다. 1880년경 성암(省菴) 권철연이 살던 집으로 현재 민박으로 개방되어 있다. 권진사댁을 포함하여 춘양초등학교에 있던 조선 관아를 중심으로 만산고택, 낙천당, 한수정 등 사대부 집안이 모여 있는 셈이다.

좀 더 역사를 앞으로 거슬러 보면 신라 시대에는 관아 북쪽 인근에 오래된 사찰이 있었다. 남화사(覽華寺)라 부르던 절인데 춘양중학교 자리에 있었다. 한국산림과학고등학교와 부지를

태고정 / 낙천당

종묘장 / 의양리 권진사댁

같이 사용하고 있는 춘양중학교는 권진사댁에서 조금 북쪽으로 올라가면 나타난다. 학교에는 서동리 삼층석탑 2기가 나란히 서 있다. 동탑에서는 사리병과 함께 99개의 흙으로 만든 작은 토탑(土塔)이 발견되었는데 현재 국립경주박물관에 보관되어 있다. 아울러 머리 없는 석불좌상도 같은 위치에 있었다. 내가 학교에 다닐 때 그 우스꽝스러운 모습이 인상적이라 좌상을 배경으로 사진을 찍곤 했는데 이제는 여기에서 볼 수 없다. 각

서동리 삼층석탑 2기

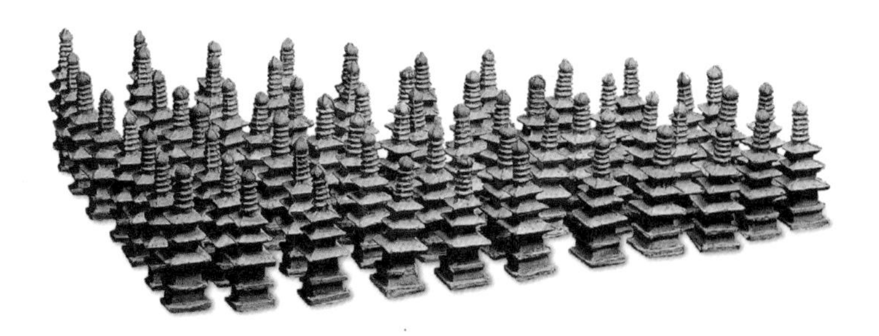

서동리 동탑에서 출토된 99개의 토탑

머리 없는 석불좌상

운곡천 비녀소 자리 주변

화사로 이전되었기 때문이다. 각화사는 676년 원효대사가 남화사를 폐하고 태백산 아래 각화산 중턱에 창건한 사찰이다. 『국역 춘양지』에 의하면 춘양중학교 자리는 도연서원(道淵書院)이 있었던 자리이기도 하다. 김진우가 춘양 사림의 도움을 받아 1683년 설립했다. 퇴계 이황과 남명 조식의 문인으로 성리학과 예학 등에 박학한 한강(寒岡) 정구를 봉안하여 설립한 서원인데, 도연(道淵)이란 도심리에서 흘러온 물이 여기에 이르러 못이 되었기 때문에 이름을 '도연'이라고 했다. 운곡천이 학교 앞에 흐르고 있는데 바위와 소가 많았다. 특히 큰 소는 '비녀소'라고 불렸는데 『국역 춘양지』에는 기생이 발을 헛디뎌 떨어져 죽었다고 하여 근처 바위를 '여기암(女妓岩)'이라고 하였다고 한다. 지금은 2008년 집중호우의 영향으로 비녀소는 사라졌지만 아직도 크고 작은 바위가 운곡천을 지키고 있다.

학교를 돌아 올라가면 옛날 스님들이 물건을 거래했다는 거곡마을이 나온다. 거곡마을에는 눈을 감은 개나 돼지 머리 모양의 바위가 보이는데 이 바위에 '봉강동천'이라는 글자가 새겨져 있다. 주변 산세가 봉황을 닮은 수려한 골짜기라는 뜻처럼 주변은 소나무로 채워져 있다. '양반걸음 걸어보기' 쉼터에서 여덟팔

눈을 감은 개나 돼지 머
리 모양의 바위 /
양반걸음 걸어보기 쉼터

자걸음을 따라 걸어 본다. 그렇게 걷다 보면 소금장수들이 살았다는 염장마을이 나오고 사과나무밭 거포마을에 도착한다. 거포마을은 사과나무밭길로 이루어져 있다. 사과나무밭은 야트막한 산으로 둘러싸여 있는데 그 모습이 포근하고 평화롭다. 언덕을 오르다가 문득 아래 풍경이 궁금하여 뒤돌아보면 뜻밖에도 첩첩이 포개어진 산을 배경으로 한 사과나무밭이 절경이다.

예전에는 사과나무가 잘 자라지 않았으나 기후변화로 온난화가 진행되면서 사과농사가 잘되기 시작했다. 높은 일교차는 사과 당도를 높이는 데 필수적이지만 무엇보다 춘양 농부들이 과학적인 영농기법을 배워 적용한 결과이다. 대한민국 과일산업대전에서 2017년 대상을 받은 이병욱을 비롯하여 2020년 사과부문 최우수상을 받은 안택산 등은 모두 춘양 사람이다. 서울에 내로라하는 고급 한정식 식당에서 후식으로 귀하게 나오는 과일이 봉화 사과이다. 꿀이 뚝뚝 떨어지는 아삭한 단맛에 반해서인지 인기가 높다. 나도 서울의 한정식 식당 사장이 귀한 사과라고 내오면서 '봉화 사과가 전국에서 최고'라고 말했을 때 우쭐한 기분을 감출 수 없었던 기억이 있다.

사과나무밭길은 서동길 산언덕까지 이어지는데 무리를 지어

첩첩이 포개어진 산을 배경으로 한 사과나무밭

태백산사고지가 있는 각화산

서 있는 큰 소나무들이 경계를 알리고 있다. 곧 도심리로 이어지는 새터길이다. 언덕에서 저 멀리 『조선왕조실록』을 보관했던 태백산사고지가 있는 각화산이 보인다. 새터로 이어지는 길은 소나무, 전나무, 일본잎갈나무의 숲길이다. 소나무가 우거진 곳에는 꿩, 다람쥐, 청설모가 많이 산다. 특히 청설모는 높은 곳에서 주로 살기 때문에 사람 눈에 잘 띄지 않지만 가끔 먹이를 줍기 위해 내려올 때 볼 수 있다. 서울의 숲과 같은 어지간한 도시의 공원에서도 요즘은 청설모가 관찰되지만 자연 그대로의 모습은 보기 쉽지 않다. 어미 청설모는 발각되면 새끼들이 있는 집에서 가급적 멀리 도망친다. 청설모는 소나무로 빽빽한 나뭇가지 꼭대기에 집을 짓고 산다. 아래에서는 청솔모 집이 거의 보이지 않는데 이는 소나무 가지가 얽히고설킨 높은 곳에 집이 자리 잡고 있기 때문이다. 나는 고등학교를 졸업하고 용돈을 벌 요량으로 청솔모 사냥을 나가곤 했다. 정말 높은 곳에 청설모가 있어서 장대나무 끝에 올가미를 만들어 낚아 잡았다. 하지만 높은 곳을 계속 쳐다보면서 사냥을 해야 하기 때문에 잡기는 쉽지 않았다. 한번 집을 발견하게 되면 새끼들이 많이 보였는데 그럴 때는 어미 청솔모가 소나무 가지를 여기저기 뛰어다니며 소란

소나무, 전나무, 일본잎갈나무의 숲길

을 피웠다. 더구나 집이 워낙 높은 곳에 있어 약한 바람에도 위쪽은 흔들림이 심하여 사냥에 실패하는 경우가 대부분이었다.

산속의 좁은 숲길을 지나고 길을 따라 내려가면 어느덧 운곡천 변에 있는 새터마을에 도착한다. 운곡천은 상·하류를 통틀어 주변이 사과나무밭 천지이다. 가까운 곳에 논이 있긴 하지만 대부분 주변은 사과나무밭으로 둘러싸여 있다. 운곡천을 따라 걷다 보면 잠자리와 나비를 볼 수 있다. 예전에는 잠자리나 나비는 지천에 있었다. 실잠자리와 검은물잠자리는 물가 수풀을 건드리면 떼로 날아다녔는데 이제는 잘 보이지 않는다. 장수잠자리는 크지만 잡기가 어렵지 않았고 밀잠자리는 너무 빨라 잡기가 어려웠다. 제비나비, 부전나비, 네발나비 등 다양한 나비도 볼 수 있었다. 제비나비는 물가에서 쉽게 만나 볼 수 있었는데 이제는 그렇게 자주 보이지 않는다. 왕사마귀도 운이 좋으면 만날 수 있었다. 왕사마귀도 어디서든지 볼 수 있었지만 크기와 기괴한 모습으로 기피 대상이었다. 하지만 호기심이 많은 시골 친구들은 일부러 잡아 관찰하곤 했다. 암사마귀는 교미할 때 수사마귀를 잡아먹는데 머리부터 댕강 잘라 내어 먹는다. 나중에 알았지만 머리를 잘라 내면 머리에 있는 억제 중추신경이 사라

갈대가 우거진 운곡천

지면서 수컷의 교미가 활성화되어 새끼를 만드는 데 유리한 섭리 때문이라고 한다. 유충을 낚시 미끼로 사용하는 강도래를 비롯하여 하늘소, 메뚜기 등 다양한 곤충을 관찰할 수 있었다.

지금 운곡천은 갈대로 가득 찬 갈대밭이다. 물길을 따라 모래톱도 있지만 자갈밭이 주로 보인다. 새가 살기에 적합한 환경이다. 그래서인지 곤충보다 새를 더 많이 볼 수 있다. 갈대숲은 새소리로 가득 찬다. 청아한 소리를 내는 쑥새부터 멧새, 할미새가 보이고 산비둘기도 제법 관찰된다. 곤충과 새가 공존하기 쉽지 않지만 운곡천을 걸으면 다양한 생물들을 만날 수 있으므로 길이 즐겁게 느껴진다.

운곡천을 따라 오르다 보면 애당교가 나오는데 건너편이 석문동으로 들어가는 입구이다. 석문동은 태고 이래 내륙지방에서 태백산 천제단에 이르는 길의 출발지였다. 지금 태백시 당골에서 태백산을 오르는 것으로 알고 있으나 옛날에는 석문동을 통해 태백산 천제단에 올랐다. 20세기 초반까지도 태백산은 봉화군에 속해 있어 봉화군이 매년 천제단 제사를 주관했는데, 1981년 태백시(장성읍과 황지읍 통합)가 신설되면서 태백산은 처음부터 태백시에 소재한 것으로 알려졌다.

50여 년간 중단되었던 석문동-태백산 등산로가 1998년 마침내 정비되어 태백산 등산로로 활용되었다. 석문동을 기점으로 하는 태백산 등산로는 태백산 남서쪽에서 올라가는 등산로인데 서벽의 도래기재 출발지와 함께 봉화의 대표적인 백두대간 등산로이다. 이 등산로는 태백산, 삼동산, 구룡산을 잇는 삼각형의 가운데 지점에 넓은 공군 사격장이 있어 등산로로서는 위험이 있었다. 어린 시절 나는 전투기를 자주 목격할 수 있었지만 포격 소리는 잘 듣지 못했는데, 주변의 친구들은 포격 소리를 가끔 들었다고 할 정도로 사격장은 넓다. 천제단으로 오르는 등산로는 사격장과는 거리가 먼 남쪽 곰넘이재를 경유하여 깃대배기봉과 태백산 천제단에 이르고 있다. 영주국유림관리소가 세운 곰넘이재 안내문에는 이 길이 천제단으로 가는 주된 등산로였음을 알리고 있다. "옛날부터 이 고갯길은 경상도에서 강원도로 들어가는 중요한 길목이었으며 특히 천제를 지내러 가는 관리들의 발길이 끊이지 않던 고갯길이었다. 문헌『영가지(永嘉誌)』에 웅현(熊峴)이라고 표기되어 있는 것으로 보아 언제부터인가 순우리말로 순화하여 곰넘이재로 부르게 된 것으로 추정된다." 여기서 '영가'는 안동의 옛 이름으로,『영가지』는 1608년에 편찬된 경상북도 안동부의 읍지이다. 유성룡의 지시로 편찬이 이루어졌지만 안동부사로 부임한 정구가 소집한 학자들, 권기, 유우잠, 이의준 등에 의해 완성되었다.『영가지』는 지역 지도를 포함한 당시 사회생활 환경, 문화, 풍속을 망라한 기록을 담고 있다.

신라 시대에는 왕이 직접 천제단 제사를 지냈다. 신라는 군사상의 필요에 따라 높고 험한 고개의 산길까지 깎아서 길을 뚫었는데, 과하마(果下馬)라는 작은 말 혹은 조랑말로 이동했다. 신라 아달라왕 5년(158년)에는 소백산 죽령을 개통했는데 그보다 앞서 파사왕(102년) 때에는 태백에 있던 진한에 속한 실직국을 점령했고 마한에 속한(태백시 홈페이지 인용. 진한이나 마한 어디에도 속하지 않았다는 학자도 있음) 소라국이나 구령국도 차지했으니, 신라는 이 지역에 산길을 내었을 것이다. 더구나 138년 일성왕이 천제단 제사를 처음 지냈다고 알려져 있고 산을 깎아 길을 내는 신라의 전략을 고려할 때 곰넘이재는 추정컨대 신라 시대에도 사용된 길이 아니었을까 싶다. 일성왕은 농사를 정치의 근본으로 삼고 음식을 백성의 하늘이라고 하면서, 제방을 수리하고 농토를 넓게 개척하라고 한 왕이었다. 왕이 친히 천제단에 올라 풍작과 영토 확장을 기원하였으리라.

석문동 계곡에서 나오는 계곡물은 아래로 흘러 운곡천이 된다. 태백산과 남서쪽에 있는 구룡산을 잇는 산맥의 남쪽으로 흐르는 계곡물은 낙동강 상류의 운곡천과 합류하고, 북쪽으로 흐르는 물은 남한강 상류의 옥동천에 합류한다. 계곡이 깊은 남쪽 골짜기의 도심 일대는 유성룡의 형 유운룡이 일가 100여 명을 이끌고 왜군을 피해 피난 온 지역이다. 그들은 안전하게 여기서 난을 피했다. 유운룡을 기리기 위한 문경공겸암유선생도심유적

문경공겸암유선생도심유적비

비가 애당교를 건너면 왼편에 서 있다.

석문동 계곡은 조만간 큰 변화가 있을 모양이다. 2008년 7월에 내린 집중호우로 석문동 계곡이 넘쳐 이 일대는 큰 재난을 맞았다. 재난대책의 하나로 댐 건설이 결정되었는데 지금 석문동 입구 안쪽에는 댐 건설 공사가 한창 진행 중이다.

조금 올라가면 도심공원이 나온다. 도심공원에는 송이버섯

조형물이 있고 탐방객들을 위한 벤치도 운곡천을 바라보게끔 설치되어 있다. 그런데 탐방길 입구에서 보았던 안내 지도에는 분명히 표시되어 있는 '춘양목 소원 걸이대'가 보이지 않는다. 철수했는지 궁금증이 생긴다. 전 세계 어디를 가나 명소에는 사랑을 맹세하고 소원이 변치 않도록 자물쇠로 잠그는 의식을 행하는 장소가 있다. 일반적으로 영원히 변치 않도록 하는 의미에서 소원은 자물쇠로 잠근 후 열지 못하도록 열쇠를 버린다. 그런데 여기서는 춘양목에다 소원을 쓴다니 의미가 특별하다. 춘양목은 시간이 지나도 그 성질이 보존된다. 소나무는 일반적으로 오래 두면 겉은 멀쩡하지만 속은 썩거나 벌레가 들어가면서 쉽게 부러진다. 하지만 춘양목은 오래 두어도 바깥부터 썩거나 벌레가 먹어도 안은 멀쩡하다. 춘양목의 특징을 잘 아는 전문가들은 오래되어 볼품없어 보이는 가구나 한옥이라도 춘양목으로 만들었다면 가치를 높게 쳐 준다. 대패로 바깥을 깎으면 붉은 속 빛의 춘양목이 온전히 드러나는 모습을 알고 있기 때문이다. 마찬가지로 춘양목은 심지도 곧고 오랫동안 변하지 않는 나무의 특성을 고려할 때 여기에 소원을 쓴다면 소원이 오랫동안 견고해지는 의미도 있다. 그런 의미에서 춘양목 소원 걸이대가 보

성황당

이지 않는 것은 아쉽다.

어느덧 대나무밭이 있어 죽터라 불리는 마을을 지나 황터에 도착한다. 황터 일대는 삼국 시대 이전 부족국가인 소라국이 있었던 곳이라 하기도 하고 구령국이 있었던 곳이라 하기도 한다. 하여간 왕이 나라를 세우고 살았다 하여 황터라 부르게 되었다고 한다. 청량산박물관에 의하면 봉화의 다른 지역(법전면 소천리나 소천면 현동리) 일대가 소라국 영역일 가능성이 크다고 하고,

구리왕의 위패를 모시는 성황당과 고분군이 위치하는 등의 증거들로 보아 도심리가 구령국의 유적일 가능성이 크다고 한다. 어느 주장이 맞는지 상관없이 1970년대 새마을운동으로 소실되기 전까지만 해도 구리왕의 위패와 구리왕에 대한 내력이 적힌 두루마리 기록문, 두 필의 황동말이 당집에 보존되어 있었던 점으로 보아 여기가 황터였음은 틀림없을 듯하다. 불로 소실된 성황당은 다시 만들어져 현재에 이르고 있다.

황터를 지나면 오르막이 시작된다. 오르막에서는 사과 과수원이 멋지게 펼쳐진다. 경사진 언덕에 가득 찬 사과나무밭은 마치 유럽을 여행하면서 본 포도나무밭과 같다. 다른 지역의 사과나무밭과 달리 높은 경사와 젖은 밭의 초목이 프랑스나 독일의 포도밭을 보는 느낌이 든다. 계곡 건너 반대편을 바라보는 모습조차 이국적이다. 오르막길을 헐떡이며 올라가다 보면 울창한 소나무숲을 볼 수 있는 '서벽리 춘양목 군락지'가 시작된다.

서벽리 춘양목 군락지는 문화재 복원용 금강소나무를 생산하는 숲인데 수령 50~100년의 금강송 1500그루가 우거져 있다. 진정한 솔향기를 이제 흠뻑 맡을 수 있다. 이 숲길은 4킬로미터에 이른다. 처음에는 오롯이 춘양목 숲에 둘러싸여 있어 완전히

유럽의 포도밭을 연상시키는 사과 과수원

솔향기에 취한다. 2킬로미터 이상 걷다 보면 문수산 일대의 춘양목을 베어 낸 흔적을 볼 수 있다. 산림을 적절히 관리하기 위해 간벌한 것이다. 군락지의 종료 지점 가까운 곳에 다다르면 길은 국립백두대간수목원의 북쪽 경계를 따라 이어진다. 여기서는 길에서 수목원 안에 있는 시드볼트 건물을 볼 수 있다. 수목원 입구에서 가장 안쪽 먼 거리에 있는 시드볼트 건물은 수목원에서 보기 쉽지 않지만, 춘양목솔향기길에서는 길을 걸으면서

서벽리 춘양목 군락지

오른편 철조망 안쪽으로 볼 수 있다. 이곳을 지나면 곧 군락지의 종점이자 춘양목솔향기길의 종점이다. 종점은 주실령에 가깝다. 출구에 도착해 포장도로를 따라 백두대간수목원 후문 방향으로 내려가면 버스 정류장이 있다. 버스 정류장까지 먼 거리는 아니나 솔향기길을 걸었던 여정으로 인해 실제 거리보다 더 멀게 느껴진다. 하지만 시원한 약수가 여행객을 기다리고 있다.

봉화에는 광천수로 유명한 약수터가 세 곳이다. 두내약수터, 오전약수터, 다덕약수터가 그것이다. 두내약수터는 예전부터 약수가 좋기로 유명했다. 그래서 수목원이 들어서기 전에는 자동차로 약수터를 찾았던 기억이 많다. 그런데 지금은 많이 이용하지 않는다. 주차가 불편하기 때문이다. 물야의 오전약수터는 두내약수터와 같은 산을 사이에 두고 건너편에 있다. 옥석산 자락에 있는 두 약수는 오가는 보부상이나 나그네에게 귀한 생명수 역할을 했다. 외씨버선길을 찾는 여행객은 놓치지 말고 약수를 마셔 보길 바란다.

14. 미슐랭이 인정한 도로

미슐랭은 미식가이드북을 발간하는 것으로 널리 알려져 있다. 미식가이드북은 우리가 일반적으로 알고 있는 식당에 대한 별점을 매긴 책인데, 『미슐랭 레드가이드(Michelin Red Guide)』를 말한다. 이와는 별도로 미슐랭은 여행지에 대한 별점을 부여한다. 여행지에 대한 별점을 부여한 책은 『미슐랭 그린가이드(Michelin Green Guide)』라고 한다. 식당은 레드가이드, 여행지는 그린가이드에서 평가되고 있다. 그런데 그린가이드에는 우리나라에서 별점 한 개를 부여받은 길이 있다. 그 길은 바로 35번 국도이다. 2011년 출간된 『미슐랭 그린가이드』 한국편에서 35번 국도 중 안동 도산서원에서부터 태백 입구까지 75킬로미터

미슐랭에서 별점을 부여한 도로

강을 따라 달리는 시원한 드라이브길

의 길에 대해 미슐랭은 별점 한 개를 부여했다. 식당에 대한 별점과 마찬가지로 별점은 한 개에서 세 개까지 부여되는데 우리나라에서 드물게 별점을 부여받은 여행지이다. 35번 국도의 별점 구간에 대한 매력은 청량산을 끼고 흐르는 낙동강의 아름다운 자연과 노인들의 평화로운 모습이라고 했다. 부산의 해운대와 같은 우리나라 다른 관광지는 이름만 언급된 점을 감안하면 미슐랭이 별점 한 개를 부여한 35번 국도는 대단한 관광지라고 할 수 있다.

부산에서 강릉까지 총연장 421킬로미터의 35번 국도에서 미슐랭이 아름다운 길로 인정한 부분은 대부분 봉화에 속해 있다. 청량산을 경계로 청량산을 포함한 북쪽은 봉화, 남쪽은 안동으로 구분되는데 태백시 황지연못에서 발원한 낙동강이 청량산 근처에 이르러서는 춘양에서 흘러오는 운곡천과 합류해서 안동으로 흘러들어 간다. 청량산 서쪽을 따라 흐르는 낙동강은 퇴계 이황이 유생을 교육하기 위해 설립한 도산서원 앞을 지나 안동댐으로 생긴 안동호에 이른다. 미슐랭이 인정한 길은 도산서원에서 시작하는데, 봉화로 접어들면서 청량산의 비경을 배경으로 한 낙동강을 오롯이 감상할 수 있다.

청량산은 소금강이라 불릴 정도로 산세가 수려하다. 청량산의 깎아지른 듯한 기암괴석과 높은 절벽을 배경으로 낙동강 물길은 상류처럼 거칠지는 않지만 적당할 정도의 유속으로 흐른다. 여름철이 되면 강은 래프팅 애호가들이 차지하지만 대부분 계절에는 고요히 흐른다. 1995년까지만 해도 비포장도로였던 청량산을 낀 국도는 이제 말끔히 포장되어 사람들이 편안하게 길을 따라 드라이브하면서 낙동강 물길을 아래로 한눈에 감상

청량산 능선에서 본 낙동강과 국도(안동 방향)

청량산 능선에서 본 낙동강과 국도(태백 방향)

부처님오신날을 준비 중인 청량사

청량사 유리보전

할 수 있다. 북쪽으로 드라이브를 한다면 강 건너편으로 평화로운 밭과 들도 덤으로 즐길 수 있다. 청량산을 낀 국도 풍광을 제대로 감상하려면 870미터 청량산 정상에서 낙동강 방향의 능선길을 시도해 보는 것도 좋다. 능선길에서 아래로 보이는 낙동강 줄기와 국도는 그야말로 한 폭의 그림 같다.

청량산에는 기암괴석과 절벽들 사이에 믿어지지 않을 정도로 포근히 자리 잡은 청량사가 있다. 정상으로 가는 길목에 있는 청량사는 663년 원효대사가 창건했고 청량사 유리보전(琉璃寶殿) 현판은 홍건적의 난을 피해 온 공민왕이 썼다. 또한 청량산에는 신라 시대 명필 김생이 처녀와 내기 끝에 신필로 탄생했다는 전설이 서려 있는 김생굴, 퇴계 이황의 청량정사, 통일신라 말 대학자 최치원이 마셨다는 총명수가 있다. 청량산에서 정상으로 가는 길은 가파르고 돌이 많은 탓에 힘이 들 수 있다. 하지만 천천히 마음먹고 올라가면 큰 어려움 없이 정상에 도달할 수 있다.

35번 국도가 청량산을 벗어나면 북곡마을이 나타나는데 오마교 다리 건너편이 사진 찍기 좋은 녹색명소인 '오렌지꽃향기는바람에날리고' 카페로 가는 남애길이다. 오마교는 난간이 없는 다리인데 낙동강 전경을 사진에 담기에도 적합하다. 하지만 '오렌지꽃향기는바람에날리고' 카페에서 내려다보는 낙동강은 오마교의 경치와는 차원이 다르다. 글로 표현하기 어려운 아름다운 풍광이다. 한 가지 단점은 이 카페로 가는 길이 좁다는 점이다. 1차선 포장도로인데 카페로 가는 길 내내 맞은 편에서 차가 내려오지 않길 바라는 마음이 들 정도이다. 물론 길 중간중간에 차 두 대가 지나갈 수 있는 공간이 마련되어 있다.

오마교에서 본 낙동강

무인 카페로도 운영되는 '오렌지꽃향기는바람에날리고'에서 내려다본 낙동강

국도는 낙동강을 오른편에 끼고 명호면까지 이어진다. 춘양에서 흘러오는 운곡천 물은 바로 명호면 소재지에서 낙동강과 만난다. 명호 낙동강에는 다리가 놓여 있다. 지금은 쉽게 강을 건널 수 있지만 1980년대에는 나룻배로 강을 건넜다. 강의 좌우로 연결된 밧줄을 잡아당겨 나룻배를 움직였는데 배가 건너편에 있으면 누가 건너올 때까지 하염없이 기다려야 했다. 기다리면서 보았던 낙동강 계곡은 범바위전망대에서 감상할 수 있다. 길이 오르막처럼 보이지만 내리막인 착시의 도로, 신비의 도로를 지나면 범바위전망대가 나온다. 범 두 마리가 도로 옆 바위에 올려져 있다. 그 옆 아래쪽으로 낙동강 계곡이 펼쳐지는데 한반도를 닮은 지형이다. 아득한 절벽 아래로 흐르는 물줄기는 명호댐에서 시작하여 황우산 자락을 휘감아 명호 방향으로 흐른다. 청량산 등산을 놓친 사람이라면 차로 쉽게 접근이 가능한 범바위전망대에서 낙동강 상류의 모습을 즐길 수 있다. 조심해야 할 것은 범바위 앞이 낭떠러지이기 때문에 자칫 큰 사고로 이어질 수 있다는 점이다. 풍광 감상도 안전을 앞설 수 없다.

길은 산 능선을 따라 이어진다. 청량산에서 명호까지의 길은 낙동강을 따라가는 강변길이라면 범바위전망대부터의 길은 산

낙동강과 만나는 지점의 운곡천

범바위전망대에서 본 낙동강

능선에 놓여 있는 길이다. 운전자는 산 정상에서나 볼 만한 첩첩산중의 모습을 전방과 좌우로 감상할 수 있다. 유럽과 같은 선진국에서는 거주지 대부분이 평야이기 때문에 겹겹이 둘러싸인 산맥의 모습을 보기는 쉽지 않다. 따라서 범바위전망대를 비롯하여 태백 초입에 이르는 길은 한마디로 외국에서 쉽게 접근할 수 없는 경치가 있는 길이다. 능선에서 길을 내려오면 다시 운곡천을 왼편으로 감상할 수 있다. 앞서 언급한 어은동 계곡, 사미정 계곡이 모두 근방에 있다. 내려오는 길 일부에서는 국도 공사가 이루어지고 있어 완전 자연 그대로의 모습은 아니다.

길은 화장산을 가로지르는 노루재 터널을 지나면서 소천으로 이어진다. 화장산이라……. 화장산에는 기억해야 할 두 지명이 있다. 하나는 노루재이고 다른 하나는 살피재이다. 아무리 바빠도 잠시 멈추고 쉬어 간다. 임진왜란 때 왜군을 피해 유성룡의 일가 100여 명은 도심촌으로 피난 갔다. 왜군들이 이들을 잡기 위해 화장산을 넘어올 것이라는 정보가 의병에게 입수되었고 이에 의병들이 매복하여 기다렸던 지역이 바로 살피재이다. 살피재는 춘양 도심촌으로 가는 길목이었기 때문이다. 유종개 의병장을 중심으로 한 의병들은 전투를 준비했다. 1592년 8월 22

임란의병전적기념비 / 적석봉

일 600여 명의 의병이 1000명이 넘는 왜군 선발대와 살피재에서 결전을 치러 승리했다. 하지만 모리 요시나리(森吉成)가 이끄는 3000명의 본진이 도착하면서 의병은 노루재를 비롯한 화장산 곳곳에서 전투했지만 모두 장렬히 전사했다. 왜군은 의병이 더 있을지 모른다고 판단해 울진 방면으로 퇴각했다. 이들이 싸웠던 노루재에는 임란의병전적기념비와 북두칠성 모양의 적석봉이 있다.

그런데 노루재는 현재의 35번 국도에 있지 않다. 도로가 반듯하게 놓이고 터널이 뚫리기 전의 국도는 노루재로 올라가는 길이었다. 새로 난 35번 국도에서는 이 유적지를 볼 수 없다. 유적지를 보려면 노루재 터널을 지나 오른쪽 소천면으로 가는 길로 일단 빠져야 한다. 곧 회전교차로가 나오는데 거의 한 바퀴를 돌아 옛길로 굽이굽이 돌아 올라가야 유적지를 왼편으로 만날 수 있다. 새로 뚫린 도로로 잊힌 듯 옛길 옆에 있는 유적지 안내문은 녹이 슬고 유적지는 황량하다. “매년 추념제를 올리고 이곳을 봉화 제일의 성역지로 보존해 나갈 것이다”라는 전적지 안내문에 있는 다짐도 무색하다. 새로 난 35번 국도에 안내문이라도 만들어 사람들이 찾기 쉽게 해 주었으면 하는 바람이다. 반

노루재 옛길 / 임란의병전적지 안내도

면에 임란의병전적지는 잘 마련되어 있다. 국도를 벗어나 소천면에 들어서면 길 오른편 양지바른 언덕에 의병을 기리기 위해 충렬사, 의총, 전시관 등의 임란의병전적지가 있다.

의병들이 매복하며 왜군을 기다렸던 살피재는 국도에서 멀리 떨어져 있다. 소천으로 빠지는 길에서 만나는 회전교차로에서 9시 방향으로 살피재 입구가 있다. 살피재는 보부상들이 춘양 오일장을 보기 위해 다녔던 보부상길(외씨버선8길)의 가운데쯤 되는 곳이기도 하다. 길 입구에서 걸어서 거의 1시간 정도 걸리는 길고 깊은 골짜기를 지나야 도착할 수 있다. 그런데 어떻게 의병들은 살피재를 왜군이 올 길목으로 삼고 기다렸을까? 왜군이 이 길로 들어올 것이라는 정보는 어떻게 수집하였을까? 의문이 생긴다. 여기서 잠시 상상을 해 본다.

조선조 이후 현재까지 시장은 오일장으로 열린다. 보부상들은 봇짐을 지고 오일장을 맞는 전국 장터를 다니면서 본인 비용으로 물건을 사고팔았다. 하지만 조선조에는 보부상은 중앙의 상단에서 비용을 부담했고, 전국의 장터들이 유기적으로 연결되어 있었다. 보부상은 왜란, 호란, 동학농민운동 때에도 관군을 앞장서서 정보를 수집하고 상부에 보고하는 임무를 담당한

살피재 입구 / 살피재에서 내려다본 화장산 골짜기

것으로 널리 알려져 있다. 초대 보부상 두령으로 조선 태조 때 백달원은 태조가 고려조에 함경북도에서 여진과 싸우다가 머리에 화살을 맞고 적군에게 잡힐 즈음에 태조를 위기에서 구해 주었다고 알려져 있고, 대원군이 병인양요 때 강화 유수부를 점령한 프랑스군에 대항하기 위해 전국 보부상 동원령을 내린 것처럼, 보부상은 위기 시 국가를 구하기 위해 나섰다. 임진왜란 때에도 보부상은 반상반병(半商半兵)으로 유사시 국가를 위해 몸을 바쳤을 것이다. 전국 장터를 돌아다닌 보부상들은 지리나 왜군의 동향에 대해 익숙하였을 것이고, 살피재는 보부상이 다니는 길목 중의 하나였다. 아마 유종개 의병장도 이러한 정보를 활용했을 것이다. 왜군이 살피재로 향할 것이라는 정보를.

역사를 생각하면서 긴 골짜기를 걷다 보면 화사한 벚꽃길도 숙연하게 만든다. 긴 골짜기를 내려다보는 살피재에서 의병들은 숨죽이고 왜군들이 접근하고 있는지를 살피고 또 살폈을 것이다. 마침내 왜군 선발대가 나타나자 급습하여 큰 승리를 거두었다. 하지만 왜군 본진과의 전투에서는 끝까지 싸웠지만 의병들은 모두 장렬히 전사했다. 하나뿐인 목숨을 귀중히 간직해야 하지만 나라를 위해 버린 민중의 한이 서린 곳이다. 의병들이 저승에서 행복하기를 바라는 마음에서 한하운 시인이 쓴 「파랑새」 시를 읊어 본다. 파랑새는 행복을 상징한다.

나는
나는
죽어서
파랑새 되어

푸른 하늘
푸른 들
날아다니며

푸른 노래
푸른 울음
울어 예으리.

나는
나는
죽어서
파랑새 되리.

살피재 옛 고개

해방 후에도 살피재는 춘양장을 보기 위해 보부상들이 넘었던 고개이고 반대로 춘양장을 본 후 현동장을 보기 위해 상인들이 넘어왔던 곳이다. 사람들은 보통 이 살피재를 외씨버선8길 보부상길에서 '살피재'라고 표시되어 있는 지점으로 알고 있지만, 원래 살피재는 그 위쪽 지점으로 보인다. 언덕길을 올라가면 넓은 공터가 보이고 끝자락에 춘양으로 넘어가는 옛 고개가 있다. 나의 어머니는 춘양장에서 산 고등어 한 궤짝을 머리에 이고 돈을 벌어 보겠다고 현동장으로 가면서 쉬었던 곳이 살피재라고 했다. 땀을 비 오듯이 흘리면서 생후 5개월밖에 되지 않은 나를 등에 업고 현동장 가던 도중에 다른 장사꾼들이 그만 쉬어 가라고 안내해 준 곳이란다.

다시 국도로 돌아오자. 소천면 소재지를 지나면 왼편은 구마계곡으로 가는 길이다. 35번 국도는 계곡 입구를 스쳐 지나간다. 국도는 청옥산을 왼편에 끼고 태백으로 이어지는데 산을 양쪽에 둔 전형적인 산골의 모습이다. 민가도 거의 보이지 않는 오지의 모습. 과거 이 길은 편도 1차선으로 곡선이 많은 길이었기 때문에 주변의 경치를 감상하면서 여유롭게 운전할 수 있었으나 지금은 터널과 직선, 2차선의 길이 많이 생기는 바람에 경치를 감상하기에는 아쉬움이 남는다.

차라리 일부 구간이더라도 35번 국도 옛길이 더 매력적이다. 노루재 터널을 빠져나오면 바로 소천면 소재지로 들어가는 것이 좋다. 회전교차로에서 소천면 소재지로 접어들어 주유소를 마주 보고 현동천 방향으로 좌회전하면 옛길이다. 미슐랭이 평

고선 계곡

춘양목 원시림

가했다는 현동천과 나란한 옛길을 감상할 수 있다. 길이 평화롭다. 고선리에서 현동천을 건너면 때 묻지 않은 자연의 계곡길, 구마 계곡에서부터 고선 계곡에 이르는 길이 펼쳐져 있다. 태백산에서 발원한 계곡물이 약 20킬로미터를 흘러 현동천에 다다르는데 산에서는 춘양목을 비롯한 원시림을 볼 수 있다. 특이한 점은 20킬로미터 내내 자연이 주는 선물, 계곡에서 흐르는 물소리를 들을 수 있다는 점이다. 또한 일제강점기에 춘양목을 가장 많이 벌목했던 지역이었기 때문에 참나무와 같은 활엽수가 춘양목을 대신하여 산을 채우고 있어 색감이 다채롭다. 계곡물 속에는 수초가 마치 매생이 같은 모습으로 춤을 추고 있다. 물이 수정같이 맑다. 이곳이 바로 구마 계곡이다. 여름에도 덥지 않을 정도로 아주 시원한 곳이라 인기가 만점이다. 계곡의 명성은 널리 알려져 있어 봄이 되면 계곡의 펜션은 예약이 완전히 매진된다.

옛길 국도는 얼마 가지 않아 35번 국도에 합류하지만 짧게나마 멋진 계곡의 옛길을 감상할 수 있다.

색감이 다채로운 고선 계곡

15. 태백산 천제단 가는 길

"뒤에는 태백산 정기를 받고 앞에는 낙동강 싸고 흐르네. 이 좋은 이 자연에 우리 배움터 우리의 춘양학교 역사도 깊다." 이것은 내가 나온 춘양초등학교 교가의 일부이다. 『조선왕조실록』 태백산사고지의 이름에서 볼 수 있듯이 '태백산' 명칭을 봉화와 춘양에서는 일반적으로 사용했다. 1990년 태백시 단독으로 태백산 천제단 제사를 지내기 시작하면서 태백산은 봉화나 춘양과 관련이 없는 것으로 생각했다. 하지만 1980년대 초반까지도 천제단 제사를 봉화군수가 지냈다는 것으로 미루어 보아 태백산 천제단 가는 길이 춘양에 있었음을 알 수 있다.

태백산 천제단을 가는 길은 주로 태백시에서 출발한다. 춘양

태백산 천제단 가는 등산로

에서 가는 길은 도래기재(해발 781미터)에서 출발하는 길로 알려져 있다. 도래기재에서 출발하는 길은 구룡산을 거쳐 곰넘이재, 차돌배기 삼거리, 깃대배기봉, 부쇠봉을 경유하여 태백산에 이르는 길이다. 길은 가는 내내 북쪽이나 왼쪽 지역은 군사시설 보호구역이므로 일반인의 출입이 금지되어 있다. 출발지인 도래기재는 옥돌봉과 구룡산을 사이에 둔 서벽에 있는 고개의 하나로서 일제강점기에는 금정광업소에서 생산된 광산물이나 지역 임산물을 운반하던 요충지였다. 이 일대는 산림유전자원 보호구역으로 묶여 있다. 그만큼 자연이 잘 보전된 지역이다. 왼편의 옥돌봉에는 550년 된 철쭉의 군락지를 비롯하여 금강송 등 다양한 산림이 보호되고 있다. 태백산으로 가는 길은 오른편 구룡산으로 올라가는 길이다.

'백두대간 15구간 태백산' 길이라 일컬어지는 이 길은, 월간 『사람과 산』에 의하면 백두대간 등산가들에게는 잘 알려진 길이다. 이 길은 춘양 도래기재부터 태백 화방재까지 약 24킬로미터의 장거리 등산길이다. 시작하면 끝까지 길을 마무리해야 하는 코스라 알려져 있다. 구룡산 북쪽 상동 천평리에는 '상동 사격장'으로 일컬어지는 공군 사격장이 있으며 남쪽으로는 봉화군 춘양면, 소천면, 석포면 일대로서 계곡이 길어 적어도 3~4시간은 가야 계곡을 벗어날 수 있다. 사람마다 차이가 있으나 12시간 정도 가야 하는 길이므로 일반 등산가에게는 부담이 될 수 있다. 따라서 일반인도 즐길 수 있는 약 8~9시간 코스의 태백산 가는 길을 설명하려 한다. 태백산 장군봉에서 화방재로 하산하느냐 아니면 유일사 주차장으로 가느냐에 따라 소요시간이 약 1시간 정도 차이가 난다. 유일사 주차장이 약 2킬로미터 더 멀다. 이 길은 춘양 참새골(해발 683미터)에서 출발하여 곰넘이재로 바로 넘어가는 길이다. 앞서 언급하였듯이 곰넘이재는 태고 때

참새골에서 곰넘이재 가는 길

부터 관리들이 태백산 천제를 지내기 위해 넘나들었던 고갯길이다.

참새골에서 가장 위쪽에 있는 참새골펜션이 보이면 등산길 초입에 도착한 것이다. 불과 300여 미터 정도 더 올라가면 오른쪽에 입구가 있다. 갈림길에서 시멘트로 포장되지 않은 오른쪽 길을 계속 타고 올라가야 한다. 2~3미터 정도 넓은 비포장 등산길이어서 다른 샛길로 빠질 염려는 없다. 참새골 위쪽은 구룡산 산림유전자원 보호구역에 속하며 자연생태계 보전지역이다.

여기서부터 태백산 천제단까지 가는 길의 특징을 먼저 말하고자 한다. 첫 번째 특징은 흙길이다. 모든 길은 흙길이다. 바위나 돌로 난 길이 아니라 나뭇잎이 떨어져 쌓인 부엽토이거나 그냥 흙으로 된 길이다. 걷기 편하다. 두 번째 특징은 나무 터널길이다. 온전한 하늘을 볼 수 없다. 풍광을 감상하려면 최소한 부쇠봉까지 가야 한다. 나무 사이로 먼 산의 모습을 얼핏 볼 수 있지만 길은 사진을 찍을 수 있을 정도로 공간을 허락하지 않는다. 모든 길이 그늘길이다. 햇볕이 내리쬐고 올라가는 길 내내 바위와 돌, 나무 데크를 이용하는 다른 태백산 등산길과는 다르다. 힘든 장거리 코스라서 사람을 만나기 힘든 것도 이 구간의 특징이다. 부쇠봉에 다다르기 전에 다른 등산객을 만나는 것은 행운이라고 할 수 있다. 오염되지 않은 자연의 길이다. 산과 골짜기가 높고 깊기 때문이다.

골짜기가 얼마나 깊은지는 역사를 살펴보면 가늠할 수 있다. 태백산 일대는 일월산을 포함하여 1949년 빨치산의 주요 활동 무대였다. 일반적으로 빨치산이라고 하면 지리산 빨치산으로

나무 터널처럼 보이는 등산로

알고 있는데 태백산은 태백산지구 제3병단의 빨치산 본거지로서 본부는 일월산에 있었다. 남한의 빨치산은 지리산, 오대산, 태백산 등을 중심으로 활동했는데 오대산은 제1병단, 지리산은 제2병단이었다. 1946년 대구 10월항쟁*으로 미군정의 계엄령이 선포되면서 탄압받던 좌익단체 일원, 학생과 노동자 등이 경북 영양, 봉화 등 산지로 숨어들었다. 농민 등 지역의 동조자가 합류하면서 자연스럽게 야산대가 형성되었는데 이것이 빨치산 부대로 발전했다. 이들이 주로 경상북도 북부지방과 강원도 남부 지역에서 활동했다. 이 지역의 빨치산은 북한 해주인민대표자회의에서 북한 최고인민회의 대의원에 선출된 김달삼이 태백산지구 사령관 자격으로 오면서 병력이 확대되었다. 더구나 1949년 9월에는 제1병단 이호제 지휘관이 360명을 대남유격대에 투입한 곳도 태백산이다. 국군 8연대의 토벌전에 태백산으로 향하던 빨치산은 거의 섬멸되어 100여 명만 김달삼 부대와 합류하여 전투했으니 태백산 일대는 빨치산에게 중요한 지역이

* 해방 직후 미군정의 친일 관리·경찰 고용으로 인한 부패와 탄압, 잘못된 경제 정책에 따른 극심한 식량·실업난 등에 반발하여 민간인과 일부 좌익 세력이 당국에 맞선 항쟁. 이후 발생하는 제주 4·3항쟁, 여수·순천 10·19사건보다 규모가 큰 항쟁으로 수많은 인명피해와 이후 관련 학살이 경북 곳곳에서 발생함.

었다. 이들 빨치산이 게릴라전을 펼친 곳은 다름 아닌 봉화, 영양, 태백 등 태백산, 문수산, 일월산 일대의 지역이었다. 이들은 6·25전쟁 때까지 활동했는데 조선로동당 경북도당 위원장 박종근이 1952년 토벌대의 포위 속에서 자살하면서 태백산 빨치산이 최종적으로 붕괴되었다.

게다가 1968년 울진삼척지구 무장공비 침투사건이 발생하여 이 일대는 특히 사람들이 살기 어려워졌다. 무장공비를 소탕하기 위해 정부는 백두대간 일대에 소개령을 내렸기 때문이다. 1949년 빨치산 소탕을 위한 백두대간 소개령에 이어 두 번째였다. 무장공비들은 울진에서 춘양까지 진출했다. 이들은 군복, 신사복, 노동복 등 갖가지 옷차림을 했으므로 사투리로 확인했다고 한다. 공비들이 운곡천에 나타났을 때 신고를 받고 출동한 군인들로 마을은 순식간에 군인 주둔지가 되었다. 하천 변은 헬리콥터로 채워졌고 공수부대들은 곳곳에 내렸다. 군인들은 공비 토벌에 나섰는데 전투가 일어난 곳이 서벽이다. 바로 백두대간 등산길 지역이다. 토벌 전에도 무장공비 출몰 소식으로 통행이 어려웠는데 해가 지면 아예 금지되었고 화전민들은 모두 산속 외딴집에서 마을로 내려왔다. 철수령으로 또는 무서워서 산속으로 되돌아가지 못했다. 다시 외딴집에 화전민이 돌아가 살기 시작해도 이들은 겨울이 오면 사람들이 많이 모여 있는 마을로 내려왔고 봄이 되면 산에 일궈 놓은 밭에 씨앗을 뿌리고 농사를 짓기 위해 올라갔다. 지금은 아예 사계절 내내 산에서 살고 있지만. 더구나 〈나는 자연인이다〉와 같은 오지 탐험 프로그램도 인기를 끌고 있으니 오지가 이제는 오지가 아닌 세상이 되었다.

하지만 '백두대간 15구간 태백산' 구간은 예외다. 등산길에 민가는 없다. 오직 산과 나무만 있을 뿐이다. 민가가 없다 보니 등산길은 사람의 손을 타지 않았다. 자연 그대로다.

자, 이제 태백산 천제단으로 길을 떠나 보자.

참새골 등산로 입구에서는 지역의 자랑거리인 금강송 소나무 군락을 만날 수 있다. 등산길 내내 소나무, 참나무 등 침엽수와 낙엽송이 하늘을 뒤덮어 시원한 그늘을 만들고 있다. 곰넘이재까지 약 2킬로미터 구간이지만 오르막이 계속 이어지기 때문에 중간에 쉬어 가면서 올라가는 것이 체력 안배에 유리하다. 곰넘이재에 도착하면 쉼터가 있다. 곰넘이재에는 소나무와 참나무가 많고 팥배나무도 보이기 시작한다. 꽃은 배꽃 같으나 열매가

참새골에서 보이는 곰넘이재 쉼터

팥같이 작다 하여 팥배나무라 불린다. 쉼터는 제법 넓으며 백두대간 보호지역을 안내하는 푯말이 보인다. "백두대간은 우리 민족 고유의 지리인식 체계이며 백두산에서 시작되어 금강산, 설악산을 거쳐 지리산에 이르는 한반도의 중심 산줄기로서, 총 길이는 약 1400킬로미터에 이른다"라고 푯말에 기록되어 있다.

곰넘이재에서 신선봉으로 가는 약 2킬로미터의 구간은 그렇

참나무 사이를 꽉 채운 조릿대

게 어렵지 않은 등산길이다. 소나무는 여전히 자주 보이지만 참나무와 단풍나무와 같은 활엽수가 우세한 지역이다. 신선봉에 가까워지면서 오르막이 시작된다. 이 지점부터는 조릿대가 참나무 사이의 공간을 모두 차지하고 있다. 조릿대는 숲속에 나는 대나무의 일종인데 흔히 가는 줄기로 쌀을 이는 도구인 조리를 만들었기 때문에 조릿대라 불린다. 신선봉에 이르는 좁은 길을 따라 올라가면 신선봉 정상석(1185미터)이 나온다. 여기서 차돌배기 삼거리로 가려면 오른쪽으로 가야 한다(경주 손씨 묘를 앞에 두고 오른쪽 방향). 정면으로 지나가면 군사시설 보호구역으로 들어가게 되어 주의가 요구된다. 산행 시 요령 중의 하나는 먼저 지나간 등산객들이 표시해 놓은 리본을 따라가면 된다는 것이다. 오른쪽 길에 리본이 달려 있으므로 그 방향으로 진행하면 실수가 없다.

신선봉에서 차돌배기 삼거리까지도 약 2킬로미터 구간인데 길은 험하지 않고 내리막길이 더 많다. 하늘은 여전히 숲에 가려져 있다. 산에는 소나무도 보이지만 철쭉, 물푸레나무, 팥배나무와 같은 활엽수가 더 많아지고 죽은 소나무와 같은 고사목이 많이 보이기 시작한다. 철쭉 고목에는 여기를 다녀간 많은

풍뎅이를 안은 모양의 고사목

철쭉 고목에 주렁주렁 매달린 산악회 리본들

산악회의 리본이 꽃처럼 달려 있다. 차돌배기 삼거리에는 쉼터가 있다. 영주국유림관리소 안내문에 의하면 이곳에 차돌이 박혀 있었다 하여 차돌배기 삼거리라 불린다고 한다. 이곳은 춘양 석문동이나 각화산으로 갈라지는 삼거리이다. 이곳에서 석문동으로 빠질 수 있으나 적어도 2시간을 가야 한다. 태백산까지 도저히 등산이 힘들 것 같은 사람이라면 여기서 빠지는 것도 한 방법이라 할 수 있다.

차돌배기 삼거리 쉼터

쉼터에 도착하면 누군가를 만날 수 있을 것이라는 기대를 하지만 그런 기대를 접는 것이 낫다. 다른 사람을 만날 가능성이 낮다. 자연스럽게 사색의 길이 된다. 생각이 맑아진다. 어진 사람은 산을 좋아한다고 했던가. 중국 한나라 유향(劉向)의 말처럼 산에는 "초목이 생장하고, 온갖 생물이 그 위에 서 있으며, 나는 새가 거기로 모여들고, 들짐승이 그곳에 깃들며, 온갖 보배로운 것이 그곳에 자란다. 온갖 만물을 기르면서도 싫증 내지 않는다. 이것이 어진 사람이 산을 좋아하는 까닭이다"라고 한 이유를 알겠다. 고요히 비추는 한줄기 햇빛과 부드러운 바람은 등산객도 시인으로 만든다.

해가 뜬다
바람이 분다
그림자가 춤을 춘다
그리고
나뭇가지에 별이 내려 앉는다

차돌배기 삼거리에는 자작나뭇과에 속하는 거제수나무나 물박달나무 같은 나무도 보이고 단풍나무와 참나무도 보인다. 소나무는 드물다. 그런데 깃대배기봉으로 가는 길은 소나무가 거의 없다. 길 자체가 나뭇잎길이다. 부엽토가 쌓여 길이 푹신하다. 지금까지의 길과는 완전히 다르다. 조릿대가 많아지고 참나무가 산을 차지하고 있다. 삼거리에서 출발하여 깃대배기봉으로 가는 도중에 나무 벤치 4개가 있는 공간이 나오는데 가급적 이곳에서 쉬는 것이 좋다. 이후부터 깃대배기봉 정상까지 가파

깃대배기봉으로 올라가는 길

른 경사로 힘이 들기 때문이다. 깃대배기봉(1370미터) 정상석에는 햇살이 잘 들어온다. 고지임에도 바람이 없어 조금만 있어도 덥다. 깃대배기봉은 산 정상에 촛대바위 형상이 있어 깃대를 꼽아 이정표의 역할을 했다 하여 깃대봉이라고 한다. 일제강점기에는 측량 깃발이 꽂혀 있어 이름이 깃대배기봉으로 바뀌었다. 지금은 안내 표지판이 따로 있다. 영주국유림관리소에서 설치

깃대배기봉에서 부쇠봉 가는 길

한 차돌배기 삼거리와 달리 태백시에서 설치했다. 비상연락 신고 전화도 태백산국립공원사무소로 되어 있다.

깃대배기봉에서 부쇠봉 바로 전까지의 4킬로미터 정도까지는 넓고 평탄하여 걷기에 불편함이 없다. 그래서 여기를 천령의 평원이라 부른다고 한다. 천령의 평원은 옛날 이곳에 화전을 일구고 사는 마을이 있었다고 하는데 실제 거주도 가능했을 것 같다. 이 구간에는 철쭉, 참나무 그리고 조릿대가 가득 차 있다.

평원이 끝나고 오르막이 시작되면 곧 부쇠봉(1546미터)이다. 부쇠봉에 도달하면 태백산 등산객들을 만날 수 있다. 태백시 쪽에서 올라온 사람들이다. 사람 만나기가 어려운 지금까지의 숲길은 이제 끝이다. 전 세계 유명 관광지를 가 보아도 이렇게 넓은 지역이 숲으로 덮여 있는 길은 못 보았다. 더구나 구룡산 구간을 포함하면 거의 21킬로미터 구간이다. 모든 길이 그늘로 덮인 길은 상상도 하기 힘들다. 가장 아름다운 숲길이 바로 우리 동네에 있다. 외국에 나갈 필요가 없을 정도이다.

여기부터는 전형적인 고지대 태백산 풍광이 시작된다. 주목을 비롯하여 키가 작은 관목이 천지에 있다. 부쇠봉에서 천제단을 가려면 문수봉 방향으로 난 길로 가다가 왼쪽 길로 향하는 것이 더 좋다. 올라왔던 길을 되돌아 천제단으로 갈 수 있으나 부쇠봉을 지나 돌아가는 길이 더 좋다. 경치가 좋고 벌레도 거의 없다. 부쇠봉에서 천제단까지의 길에서 수령이 오래된 주목을 만날 수 있다. 태백산(1566미터) 정상이 보인다. 바로 천제단이 있는 곳이다. 하늘에 제를 지내는 곳으로는 강화도 마니산, 황해도 구월산과 함께 태백산이 대표적인 천제(天祭) 장소이다.

수령이 오래된 주목

부쇠봉에서 본 태백산 천제단

그래서 태백산은 민족의 영산이라 일컫는다.

태백산 천제단의 축조 시기나 유래는 잘 알 수 없지만 신라 제7대 왕 일성 이사금이 138년에 태백산에 친히 제사를 지냈다고 『삼국사기』에서 전하고 있다. 북악으로 일컬어지는 태백산은 신라 때부터 토함산(동악), 계룡산(서악), 지리산(남악), 팔공산(중악)과 함께 오악의 하나로 꼽히던 영산이다. 단군과 산신에게 왕이 직접 제사를 지냈던 신라와는 달리, 고려 때는 국가의 관리가 제사를 지냈다. 조선 시대에는 지방의 수령이나 백성이 천제를 지냈는데, 20세기 초까지 관할 지역이 봉화였던 까닭에 봉화 현령과 봉화군수가 제주 역할을 했다. 일제강점기에는 독립군이 천제를 올리기도 했는데 현재는 태백시장이 매년 개천절에 제주로서 역할을 하고 있다.

천제단은 천왕단을 중심으로 하여 북쪽 장군봉의 장군단과 남쪽 문수봉 가는 길에 있는 하단으로 구성되어 있다. 하늘(천왕단), 사람(장군단), 땅(하단)에 제사를 지내는 곳이라고 하는데, 하단의 문수봉 자리는 더는 기능을 하지 않는다.

태백산 천제단에 오르면 백두대간의 장엄하고 아름다운 풍광이 360도 파노라마처럼 눈앞에 펼쳐진다. 장엄한 풍광은 오랜

태백산 천제단
천왕단

태백산 천제단
장군단

태백산 천제단
하단

시간 품어 온 아픈 역사를 토양으로 더욱 빛을 발하는 것 같다. 하늘이 함께 숲길을 더욱 빛내 주는 듯이 푸르고 빛난다.

천제단까지 외부로 빠지는 길이 사실상 없는 이 구간은 빨치산이 숨어 살기 최적인 자연환경을 지니고 있다고 할 것이다. 태백산지구 전투사령부와 같은 국군의 토벌로 빨치산은 태백산맥을 따라 북으로 되돌아가려 했을 것이다. 태백산지구 김달삼도 지휘본부였던 영양 일월산에서 후퇴하여 태백산을 타고 북으로 도주하다가 정선 반론산에서 벌인 국군과의 교전에서 죽었다. 일월산–태백산–반론산은 모두 백두대간으로 연결된다. 쉽게 접근하기 어려운 산악지형들이다. 산림청이 운영하는 자연휴양림은 빨치산이 활동했던 지역에 많다. 지리산 빨치산이 활동했던 회문산이나 덕유산은 물론 봉화의 청옥산에도 있다. 자연환경이 온전히 보전된 지역이다. 이 구간이 친환경 청정구간인 데는 이유가 있다.

기회가 되면 태백에서 출발하여 태백산을 넘어 춘양에 도착하는 걸 시도해 보고자 한다. 춘양 참새골에는 훌륭한 숙박시설도 있으니 산속 오지체험이 가능하다. 국립백두대간수목원을 여유롭게 둘러보거나, 아니면 백두대간 글로벌 시드볼트를 생

천제단에서 본 백두대간의 아름다운 풍광

천제단에서 본 장군봉

천제단에서 본 하늘

각하면서 산림을 푸르게 복원하는 세계를 꿈꾸어 볼 수 있다. 임진왜란 때 유성룡의 노모가 피난 왔다는 도심리 감동골도 한 번 둘러보고 말이다.

참고문헌

1. 국내 문헌

구미래, 『한국인의 상징세계』, 教保文庫, 1992.

국립수목원, 『식별이 쉬운 나무 도감』, 지오북, 2010.

김상숙, 『10월 항쟁: 1946년 10월 대구 봉인된 시간 속으로』, 돌베개, 2016.

남상호, 『한국의 곤충』, 대원사, 1990.

남상호, 『한국의 나비』, 대원사, 1999.

리처드 도킨스, 홍영남·이상임 옮김, 『이기적 유전자』, 을유문화사, 2018.

배도식, 『韓國民俗의 現場』, 집문당, 1993.

백남운, 윤한택 옮김, 『조선사회경제사』, 이성과현실, 1989.

봉화군, 『봉화의 기찻길과 함께한 삶의 이야기』, 봉화군, 2016.

서정범 외, 『숨어사는 외톨박이 1』, 뿌리깊은나무, 1993.

성희엽, 『조용한 혁명: 메이지유신과 일본의 건국』, 소명출판, 2016.

애덤 퍼거슨, 이유경 옮김, 『돈의 대폭락』, 엘도라도, 2011.

윤구병 외, 『숨어사는 외톨박이 2』, 뿌리깊은나무, 1993.

윤무부, 『한국의 텃새』, 대원사, 1990.

이우신·구태회·박진영, 『야외원색도감 한국의 새』, LG상록재단, 2000.

이한응, 「춘양구곡가」.

전진문, 「광산왕 김태원의 집념과 좌절」, 『매거진한경』(2006. 2. 19.), 2006.

정민, 『한시 미학 산책』, 솔출판사, 1996.

정종화, 『한국의 영화포스터: 1932-1969』, 범우사, 1993.

조정래, 『태백산맥』, 해냄, 2020.

지그프리트 겐테, 권영경 옮김, 『독일인 겐테가 본 신선한 나라 조선, 1901』, 책과함께, 2007.

천헌철,『보이지 않는 돈: 금융 투시경으로 본 전쟁과 글로벌 경제』, 책이있는마을, 2020.
청량산박물관 엮어옮김,『국역 춘양지』, 봉화군, 2020.
최기철,『민물고기』, 대원사, 1993.
캐리 파울러, 허영은 옮김,『세계의 끝 씨앗 창고: 스발바르 국제종자저장고 이야기』, 마농지, 2021.
통계청, '북한의 통계' 온라인 교육자료, 2019.
한국문화상징사전편찬위원회,『韓國文化 상징사전』, 동아출판사, 1992.
한하운,『가도 가도 황톳길』, 예가출판사, 1993.

2. 외국 문헌

Crop Trust, *Completing A Global Task: Conserving Crop Diversity, Forever*, Crop Trust, 2019.
Karl Erich Born, *International banking in the 19th and 20th centuries*, Burg Publishers, 1983.
Maddison Project Database 2018.
Takeda Takao, "THE FINANCIAL POLICY OF THE MEIJI GOVERNMENT", *The Developing Economies*, 3(4), 1965.

3. 신문

경향신문 2016. 12. 8.
매일경제 2021. 2. 14.
매일신문 2008. 7. 28.
서울경제 2021. 1. 6.
세계일보 2008. 3. 11.
영남일보 2014. 12. 2.
중앙일보 1997. 2. 5.

중앙일보 2018. 9. 21.
한국일보 2018. 12. 4.
한국일보 2021. 1. 13.
한국일보 2021. 2. 19.

4. 인터넷 자료

위키백과, 조선인민유격대
위키백과, 춘양역
위키백과 영어판, Moscow State Circus
위키백과 영어판, Svalbard Global Seed Vault
한국민족문화대백과사전, 봉화군
한국민족문화대백과사전, 울진삼척지구무장공비침투사건
국립백두대간수목원, https://www.bdna.or.kr
대외경제협력기금, https://www.edcfkorea.go.kr
대한민국 정책브리핑, https://www.korea.kr/news/weekendView.do?newsId=148853339
봉화군, https://www.bonghwa.go.kr/open.content/ko/organization/eup.myon/chunyang.myeon
사람과산, http://www.sansan.co.kr
연합뉴스, https://www.yna.co.kr/view/AKR20181219118700805?input=1195m
오마이뉴스, http://www.ohmynews.com/NWS_Web/view/at_pg.aspx?CNTN_CD=A0000868702
외씨버선길, http://www.beosun.com
K스피릿, http://www.ikoreanspirit.com/news/articleView.html?idxno=47349

태백시, https://www.taebaek.go.kr/www/contents.do?key=374
통계청, https://kostat.go.kr
한국경제TV, https://www.wowtv.co.kr/NewsCenter/News/Read?articleId=AKR20181219118700805
한국수출입은행, https://www.koreaexim.go.kr
Mongabay, https://news.mongabay.com/2020/12/through-war-wildfire-and-pandemic-the-worlds-seed-vaults-hold-strong
TIME, https://time.com/doomsday-vault

5. 그림, 사진, 지도 출처

12, 68, 112, 156쪽: 국립백두대간수목원
52쪽: 봉화지역사 전시관
134~135쪽: 국립백두대간수목원
147쪽: 국립중앙박물관
160~161쪽: 사단법인 경북북부연구원
171쪽 위: 국립경주박물관

* 4쪽: 신해철 〈도시인〉 가사 KOMCA 승인필

나의 시드볼트 춘양

초판 1쇄 발행 2021년 11월 3일

지은이 천헌철
펴낸이 김선기
펴낸곳 (주)푸른길
출판등록 1996년 4월 12일 제16-1292호
주소 (08377) 서울시 구로구 디지털로 33길 48 대륭포스트타워 7차 1008호
전화 02-523-2907, 6942-9570~2
팩스 02-523-2951
이메일 purungilbook@naver.com
홈페이지 www.purungil.co.kr

ISBN 978-89-6291-936-3 03980